iPad Procreate
风格绘画之美 —— 梁芳 / 主编

清华大学出版社
北京

内容简介

Procreate 是一款功能强大的绘画软件，能够让创意人士随时把握灵感，通过简单的操作界面和专业的功能集合进行线描、填色、设计等艺术创作。本书主要介绍 Procreate 风格绘画技法案例，包括扁平化、水彩、彩铅、马克笔、模玩工业、动漫、机车写实风格的绘画，内容涵盖卡通、照片临摹、实景写生、人物、动物、风景、故事插画、动漫、模玩、机车造型等，希望能够为广大艺术家们提供一些灵感和参考。另外，本书还赠送 PPT 课件、视频课程、素材、笔刷。

本书适合喜欢创意绘画的爱好者，以及从事手绘相关工作的广大设计师和广告、动漫设计人员，还可作为艺术类院校的相关教材使用。

图书在版编目（CIP）数据

iPad Procreate风格绘画之美 / 梁芳主编. —北京：清华大学出版社，2023.10

ISBN 978-7-302-64020-2

Ⅰ. ①i… Ⅱ. ①梁… Ⅲ. ①图像处理软件 Ⅳ. ①TP391.413

中国国家版本馆CIP数据核字（2023）第125640号

责任编辑：张　敏
封面设计：郭二鹏
责任校对：胡伟民
责任印制：杨　艳

出版发行：清华大学出版社
　　　　网　　　址：http://www.tup.com.cn, http://www.wqbook.com
　　　　地　　　址：北京清华大学学研大厦A座　　邮　编：100084
　　　　社　总　机：010-83470000　　　　　　邮　购：010-62786544
　　　　投稿与读者服务：010-62776969, c-service@tup.tsinghua.edu.cn
　　　　质　量　反　馈：010-62772015, zhiliang@tup.tsinghua.edu.cn
　　　　课　件　下　载：http://www.tup.com.cn, 010-83470236
印　装　者：三河市君旺印务有限公司
经　　　销：全国新华书店
开　　　本：185mm×260mm　　　　印　张：14　　　　字　数：356千字
版　　　次：2023年12月第1版　　　　印　次：2023年12月第1次印刷
定　　　价：99.00元

产品编号：099553-01

前言

  Procreate 是一款功能强大的绘画软件，可以让艺术家们在 iPad 上进行数字绘画。Procreate 的出现让数字绘画变得更加便捷和高效，同时也为艺术家们的创作提供了更多可能性。Procreate 的绘画技法是非常丰富的，艺术家们可以根据自己的风格和需求选择不同的技法进行创作。

  Procreate 是为给用户最流畅的创作体验而设计的，极简的用户界面让绘画者将注意力放在创作上，配合直观的多感应手势控制，可以发挥无与伦比的创意。

  Procreate 最大的特色在于可以模拟各种笔触，包括毛笔、马克笔、钢笔、铅笔等，轻松模拟线描、着墨、油画厚涂、水彩晕染等绘画效果，并以丰富的质感创作手写字体或绘画肌理。用户可以在软件的笔刷工作室平台上，自定义具有个人特色的笔刷，也可以导入新笔刷，或分享自己制作的笔刷。

  本书分为基本操作和风格技法两个部分，共 9 章。

  在第一部分，将为大家介绍一些基本操作，包括基本手势、笔刷操作、图层操作和图形操作等，这些操作是使用 Procreate 进行绘画的基础，掌握好这些操作，可以让绘画得心应手。

  在第二部分，将为大家介绍一些常见的 Procreate 风格绘画技法，包括扁平化、水彩、彩铅、马克笔、模玩工业、动漫、机车写实等，这些技法可以让绘画更加有特色和个性，同时也可以让绘画者更好地表达自己的创意和想法。

  本书旨在为广大艺术家们提供一些 Procreate 风格绘画技法的参考和案例，希望能够帮助大家更好地掌握数字绘画的技巧，从而创作出优秀的作品。

  读者通过扫码下载资源的方式为读者提供增值服务，这些资源包括 PPT 课件、视频教程、素材、笔刷。

增值服务

  本书由云南艺术学院的梁芳老师编写。本书内容丰富、结构清晰、参考性强，讲解由浅入深且循序渐进，知识涵盖面广又不失细节，非常适合艺术类院校作为相关教材使用。由于编者水平有限，书中错误、疏漏之处在所难免，敬请读者提出宝贵的意见和建议。

编　者
2023 年 6 月

目录

第 1 章

Procreate 的基本操作和画笔功能

虽然平板绘画并非 Procreate 首创，但 Procreate 无疑是触摸屏绘画领域最精密的软件之一。它与 Apple Pencil 电容笔相结合，能够感应极其细微的触压和侧锋变化，同时配合无数画笔笔刷模拟真实的绘画效果。Procreate 的图层管理、色盘、混合模式、速创形状、滤镜以及画笔的容差设置等功能，几乎成为这款绘画软件所有人性化设置的标配。此外，随着版本的升级，Procreate 在三维和动画方面的表现也令人期待。

如今，Procreate 已经成为绝大多数插画师的首选。在手绘方面，使用 Procreate 的效果已经与手绘数位板相媲美，甚至在便捷性上更胜一筹，这主要是因为平板绘画更适合初学者。与手绘数位板的手眼分离绘画模式相比，初学者在使用平板绘画时能够更快地适应，因为平板屏幕的绘画效果是所绘即所得。总之，Procreate 凭借其卓越的性能和易用性已经在绘画领域崭露头角。

1.1　Procreate 软件介绍

Procreate 是一款专为平板计算机设计的绘画软件，与电容感应笔（例如 Apple Pencil）配合使用效果最佳。它运行在 iPadOS 系统上，具有强大的绘画功能。丰富的笔刷和混色控制使设计师能够随时捕捉灵感，通过简单的操作界面和专业的功能集合进行线描、填色、设计等艺术创作。该软件充分利用了 iPad 屏幕触摸的便捷性，呈现出人性化的设计效果。Procreate 曾荣获 Apple 最佳设计奖和 App Store 必备应用奖，是专为创意人士使用移动设备打造的一款应用。

Procreate 的主要特点包括较高的画布分辨率、136 种简单易用的画笔、高级图层系统以及高性能绘图引擎（由 iOS 上最快的 64 位绘图引擎 Silica M 支持），这些特点使 Procreate 成为许多设计师和艺术家的首选绘画工具。

1.2　Procreate 软件界面

Procreate 软件的界面非常简约，如图 1.1 所示，主要分为 4 个部分，右上方为绘图工具区域，该区域包含了进行绘画创作所需的所有工具（绘画、涂抹、擦除、图层和颜色）；左上方为高级功能区域，该区域包含了所有的设置和绘图操作功能（图库、操作、调整、选取和变换变形）；左边侧栏是一个快捷工具栏，在这里能找到各种修改工具（调节画笔的尺寸和不透明度、撤销和重做）；界面中间为画布（绘图区域）。

高级功能

绘图工具

画布

快捷工具栏

图 1.1

1.3 触控笔

Procreate 软件的最佳搭档无疑是 Apple Pencil，这是一种需要额外购买的硬件配件。Apple Pencil 是一种智能触控笔，具有压力传感器功能。它可以和用户的手指同时使用，为用户提供更加自然、流畅的绘画体验。

Apple Pencil 搭载了一个 Lightning 接口，可以直接插入 Apple 设备进行充电，也可以使用 iPad 充电器单独充电。这种触控笔采用蓝牙技术，并通过笔尖和触控技术感知位置、力度以及角度，从而实现最大程度的笔迹还原。

此外，Apple Pencil 还成功解决了延迟问题，几乎实现了零延迟的绘画体验，使得用户在使用 Procreate 软件时能够获得最接近真实的绘画感受。总之，Apple Pencil 与 Procreate 软件的完美搭配为艺术家和设计师们带来了前所未有的创作便利。

1.4 Procreate 操作方法

Procreate 软件的操作是和 iPad 基本操作手势相配合的（用指尖轻点、滑动），用指尖可以移动画布、撤销 / 重做、清除、拷贝、粘贴及选择菜单。下面来熟悉一下 Procreate 软件的基本手势。

1.4.1 单指操作

在 Procreate 软件中不仅可以使用 Apple Pencil 进行绘制，还可以直接使用指尖在画布上轻松绘图（把指尖当作笔尖），如图 1.2 所示。

用单指触摸屏幕可以绘图、涂抹和擦除画面。在绘图时单指长按可以"速创形状"，比如绘制一个圆形，在绘制完不要立即松手（手指保持长按状态数秒），圆形将以计算机模式进行弧线校正，如图 1.3 所示。

图 1.2

图 1.3

单指横向滑动图层可以对该图层进行选择，继续滑动另外的图层，则可以加选图层，如图 1.4 所示。

1.4.2　双指操作

用双指同时在画布上轻点即可撤销上一个操作（相当于 Undo，两指可以是合并或分开的）。此时在界面上方会出现通知信息，显示撤销了哪个操作，如图 1.5 所示。

用双指可以对图像进行捏合缩放，以缩小或放大视图，从而方便观察细节或查看全图。操作方法是将手指放到画布上，通过捏合手指来缩小或放大视图，如图 1.6 所示。

图 1.4

图 1.5

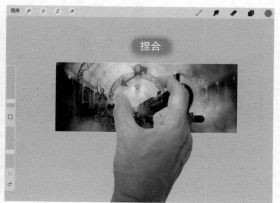

图 1.6

知识点拨

　　快速捏合画布可以迅速让图像适应屏幕，操作方法是在使用手势操作的结尾快速在屏幕上捏合并放开手指。如果想回到快速捏合前的画面，反向操作快速捏合的手势即可。

　　用双指可以对图像进行捏合旋转，以旋转画布找到最适合的角度（有时候将图像旋转到一定的角度更适合下笔绘画），操作方法是用手指捏住画布转动，如图 1.7 所示。

　　在"图层"面板上用双指操作可以提高工作效率。在图层列表中用双指捏合会将图层及中间包含的所有图层进行合并。用双指轻点图层还可以调整图层的不透明度，操作方法是用双指轻点图层激活该图层的不透明度设置状态，接着在画布上左右拖动手指增加或降低图层的可见度，如图 1.8 所示。

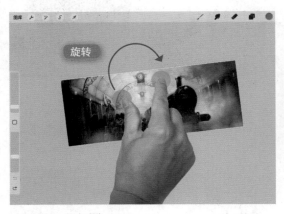

图 1.7

图 1.8

1.4.3　三指操作

　　用三指同时在画布上轻点可以执行重做命令（相当于 Redo 命令），三指可以合并或分开。和撤销操作一样，可以在画布上用三指长按快速重做一系列操作，如图 1.9 所示。在画布上同时用左右擦除的动作拖动三指即可将图层的内容擦除掉，如图 1.10 所示。

图 1.9

图 1.10

　　用三指往屏幕下方滑动即可打开"拷贝并粘贴"工具栏，该工具栏中提供了剪切、拷贝、全部拷贝、复制、剪切并粘贴、粘贴等功能按钮，如图 1.11 所示。

图 1.11

1.4.4　四指操作

　　用四指轻点界面可切换全屏功能。当想要让界面只有绘图画面时，用四指轻点屏幕即可激活全屏模式（界面将会隐藏）。再次用四指轻点屏幕即可切换回界面模式（轻点全屏模式左上角的图标也可切换回界面模式）。

1.5　Procreate 绘图工具

　　Procreate 软件界面的右上方是绘图工具区域，在这里提供了绘画所需的所有工具，它们是绘画、涂抹、擦除、图层和颜色，如图 1.12 所示。

图 1.12

　　当在画笔库中选择一个画笔后，✐"绘画"、✍"涂抹"和✐"擦除"工具共用一个画笔。✐"绘画"工具用于激活画笔，在画布中绘画。在"绘画"列表中有内置的上百种画笔库，通过选择各种画笔来模拟笔触，例如毛笔、铅笔、蜡笔等效果。在这里可以管理画笔库、导入自定义画笔或分享个人画笔等。

1.5.1　载入新画笔库

　　载入一套新画笔库的方法如下。

　　单击画笔库右上方的"+"图标，打开"画笔工作室"，然后单击"导入"按钮，从资源浏览器中选择画笔文件即可，如图 1.13 所示。

图 1.13

　　另外还有一种更简单地导入画笔库的方法，只需要将下载的画笔库文件（画笔库文件的扩展名是 .brushset）单击一下，iPad 会自动弹出要打开的软件的名称，选择 Procreate 软件即可自动导入。导入好的画笔库会显示在第一排，如图 1.14 所示。

图 1.14

1.5.2　选择画笔绘画

如果要开始绘图，首先需要打开相应的画笔库并选择所需的画笔，然后通过左边侧栏的两个调节按钮来调整笔尖的尺寸和不透明度。在"画笔工作室"中还可以编辑现有的笔刷设置，例如压力、平滑度等参数。

尝试用手指以不同的速度进行绘画，因为有些笔刷会根据绘画速度展现出不同的效果。使用 Apple Pencil 可以充分发挥笔刷的各种功能，例如压感和倾斜度会影响笔画效果。这些功能会改变笔画的暗度、粗细度、不透明度和散布程度，甚至还会影响创作的色彩。这种体验就像使用真实的铅笔或画笔一样，如图 1.15 所示。

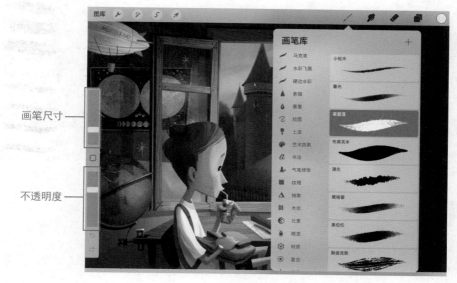

图 1.15

1.5.3　涂抹工具

👆 "涂抹"工具会根据不透明度设置呈现不同效果，通过左边侧栏增加不透明度来强化涂抹效果，或降低以表现较细微的变化。

　　当用力涂抹画面时将湿混颜色，在快速地混合颜色的同时能看到画布上的颜料有涂抹的痕迹。当涂抹力度较轻时涂抹效果较为柔和、柔顺，适合在创造渐变层、光影揉合或涂抹铅笔图画时使用，如图 1.16 所示。

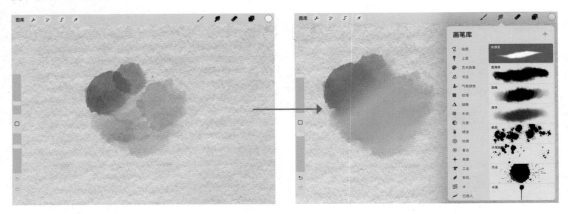

图 1.16

1.5.4　擦除工具

　　"擦除"工具用于擦除错误、移除颜色、塑造透明区域等。利用左边侧栏的不透明度按钮调整橡皮擦除的强度，可以创造半透明效果，如图 1.17 所示。

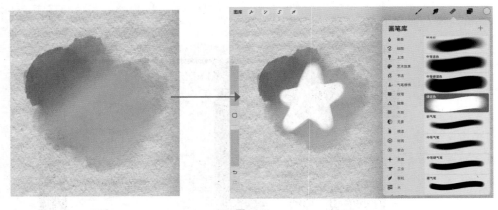

图 1.17

> **知识点拨**
>
> 　　绘画、涂抹和擦除可以分别指定不同的笔刷，如果想使用同一笔刷来绘画、涂抹和擦除画作，轻点并长按尚未选定笔刷的绘画、涂抹或擦除图标，即可将当前的笔刷套用到该工具上。

1.5.5　保存画笔设置

　　在绘画时，笔刷的尺寸和不透明度是非常重要的参数，并且这些参数的设置是非常耗费时间的。为了方便绘画，许多绘画软件都提供了保存笔刷设置的功能，以便于用户在下次使用时直接调用，节省时间。

在许多绘画软件中，保存笔刷设置的数量通常是有限制的，最多可以保存 4 次。用户可以根据自己的需求将不同的笔刷设置保存在不同的位置，以便于在不同的绘画场景中使用。

在许多绘画软件中，保存笔刷设置的方法通常是长按并拖动侧栏中的两个滑动条。当用户长按并拖动这两个滑动条时会弹出一个窗口，提供笔刷尺寸预览和不透明度百分比。用户可以在该预览窗口的右上角单击 "+" 图标保存当前设置，如图 1.18 所示。

保存后，用户可以在侧栏的相应滑动条中看到一个细线槽点，以供日后选用。用户可以根据自己的需求选择不同的笔刷设置，以便于在不同的绘画场景中使用，如图 1.19 所示。

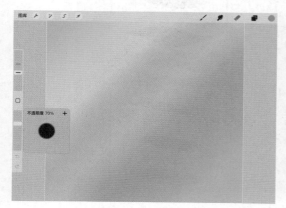

图 1.18

图 1.19

1.6　Procreate 画笔库

Procreate 的画笔库用于编辑、管理、分享和制作笔刷。轻点一次 ✏ "绘画" 按钮可以启用画笔工具，再次轻点可以打开 "画笔库" 面板，如图 1.20 所示。

1.6.1　画笔组

在画笔库的左边面板中有以不同风格分类的画笔组列表。在画笔组列表中滑动浏览，轻点一个画笔组后在右半部分会显示组中的笔刷；选择一个画笔组后该组会以蓝色高亮标识。

1.6.2　画笔

在画笔库的右半部分列出当前选定画笔组中的所有可用画笔。轻点一个画笔组可浏览画笔，画笔列表中会显示每支笔刷的名称和笔画预览；拖动清单浏览画笔，轻点一支画笔以选定，再轻点画布即可开始绘画。

1.6.3　画笔工作室设置

在 "画笔工作室" 页面，用户可以对选中的笔刷进行修改设置，也可以重新创造一支新笔刷。通常有两种方法进入画笔库，一种是轻点画笔库右上角的 "+" 图标创建新笔刷，另一种是轻点选中的笔刷以变更现有设置。在这里，用户可以对笔刷的形状、颗粒、行为表现、颜色、反应、不透明度、锥度及其他选项进行详细的编辑。

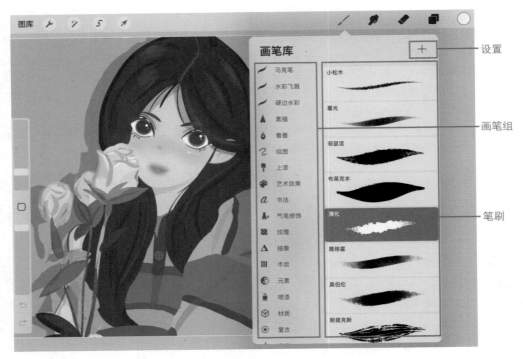

设置

画笔组

笔刷

图 1.20

　　"画笔工作室"页面分为属性列表、设置区域及绘图板 3 个部分，如图 1.21 所示。在属性列表中，可以调整笔刷的大小、硬度、流量、颜色、混合模式等基本属性；在设置区域中，可以对笔刷的形状、颗粒、行为表现、颜色、反应、不透明度、锥度及其他选项进行详细的编辑；在绘图板中，可以实时预览笔刷效果，并进行调整。

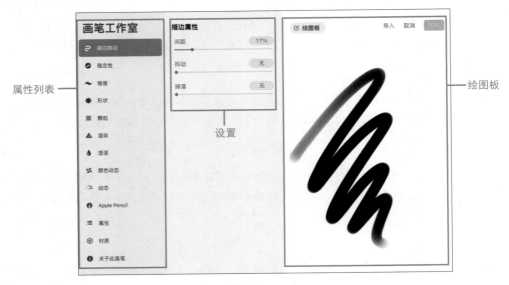

属性列表

设置

绘图板

图 1.21

1. 属性列表

在"画笔工作室"页面最左边的列表中列出了十几种属性，用于调整和创造独特的笔刷。通过这些属性可以调整笔刷的形状和颗粒，变更笔画的外形，并调节 Procreate 与笔刷的互动渲染效果；可以控制笔刷与下笔速度的反应以及 Apple Pencil 压力，添加湿混属性，调整 Apple Pencil 行为设置，为笔刷属性增加限制。

2. 设置区域

在该区域可以利用每个设置类别中的滑动条、开关和其他简易控制来调整多种笔刷属性。从左边列表中选择一个属性后，在设置区域中会显示出可调整的各种设置，每个属性能调整的设置不同。

3. 绘图板

在绘图板中可以预览调整的笔刷变化。当改变属性设置后，在绘图板中的图形就会更新显示调整的效果。用户可以试着在此区域进行涂鸦测试。

1.7 Procreate 画笔属性

"画笔工作室"页面中的大多设置含有数值栏，它同时是进入高级画笔设置的入口。轻点一个画笔工作室设置的数值参数，即可打开相应窗口对笔刷进行微调。

1.7.1 描边路径

在 Procreate 中，当用手指或 Apple Pencil 在屏幕上移动时，它会根据路径创建笔画的形状，这个路径就是描边路径。描边路径可以用来调整笔画的间距、流线、抖动和淡出速度等属性，从而改变笔画的表现效果，如图 1.22 所示。

图 1.22

1. 间距

间距控制笔刷在路径上的密度。如果增加间距值，会让笔刷在路径上出现空隙；如果降低间距值，会让笔刷的形状更加流畅。

2. 抖动

抖动设置笔刷沿着路径绘制的随机偏移量，该值可控制画笔抖动的效果。关闭此功能会得到没有抖动的平滑笔画，但有时候需要模拟自然笔刷效果，例如铅笔颗粒效果，并不想要特别平滑的计算机绘制效果。

3. 掉落

掉落让下笔时的笔画完全可见并随着路径的延伸而淡出。关闭此设置可移除淡出效果，或设置快速淡出至透明的笔画效果。

1.7.2 稳定性

稳定修正功能可以让笔画平滑、流畅，这让手绘线条比自然动作下更为平直，如图 1.23 所示。

图 1.23

1. 流线

流线设置可以自动将线条中的抖动和小瑕疵变得平滑、顺畅。这个参数对于上墨和手写笔刷特别重要，可以通过"数量"和"压力"设置调节笔刷的形态。

- 数量：增加该值可以让笔刷效果平滑，降低或关闭该值则能产生不平滑且更随机、自然的线条。
- 压力：增加该值可以让笔刷效果浓重，降低或关闭该值则能让笔刷的压力更快地消失。

2. 稳定性

稳定性数量设置得越高，笔画越流畅，线条越平直。稳定性和笔画的运笔速度有关，运笔速度越快，笔画越平滑。

3. 动作过滤

"动作过滤"可以让绘画过程中的一些突然抖动和笔画瑕疵得到有效修整或忽略。

- 数量：该值越高，越能去除笔画运行中特别突出的抖动和瑕疵。这样不论用什么速度绘制线条，都可以得到流畅、平直的笔画。这也代表在画布上的笔画不会展现出手抖和震颤的笔画。
- 表现：该值只有在"动作过滤"启用时起作用。动作过滤有效去除了笔画中的抖动，同时也让笔画显得太过平直、流畅（产生计算机绘图的呆板效果）。"表现"属性可以让笔画多一些手绘的感觉。

1.7.3 锥度

当用笔刷在画布上绘画时，"锥度"可以让笔刷在画布上有粗细变化，从而让绘画效果更自然、更接近真实画笔，如图 1.24 所示。

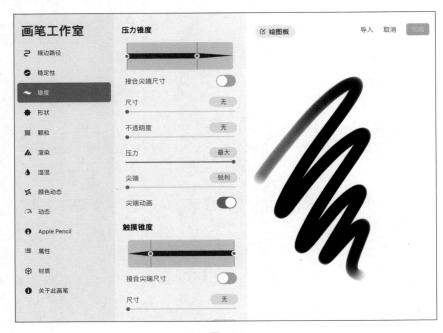

图 1.24

1. 压力锥度

通过调节"压力锥度"，可以手动延长笔刷起始和结尾的现有锥度，从而获得更真实的笔触。

- 压力锥度滑动条：将滑动条往中间拉动可以调节锥度的长度，可在笔画的起始、结尾或为两者同时设置锥度。
- 接合尖端尺寸：启用此功能，调节压力锥度滑动条的一端时会自动更新另一端。
- 尺寸：控制锥度由粗变细时的渐变程度。
- 不透明度：将尾端锥度淡出至透明。
- 压力：配合 Apple Pencil 的压力反馈，产生反应更快的自然锥度，让线条尾端更快地变细。
- 尖端：该值较低时会让锥度表现得如同笔刷有着极细的笔头；该值较高时，笔刷的笔尖表现较粗。
- 尖端动画：当 Procreate 为笔画增添额外锥度时，可以开启此功能查看套用效果，或依自己的喜好关闭此功能，隐藏动画预览。

2. 触摸锥度

该区域的属性用于控制手指触摸画布的笔画效果，各属性的含义与"压力锥度"相同，这里不再赘述。

1.7.4　形状

在画布上轻点就能清楚地看到画笔的形状。将图像导入"形状来源"中，用于改变笔尖的形状，并调节散布、旋转、个数和其他形状设置属性，如图 1.25 所示。

1. 形状来源

通过此工具可以导入图像，并将其设置为画笔的基本形状。

用户可以打开"形状编辑器"，从"照片"或"文件"导入新形状或粘贴一个拷贝图像，也可以进入 Procreate 的"源库"中选取一系列软件自带的默认形状，如图 1.26 所示。

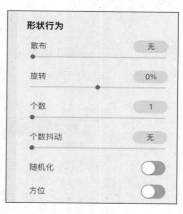

图 1.25

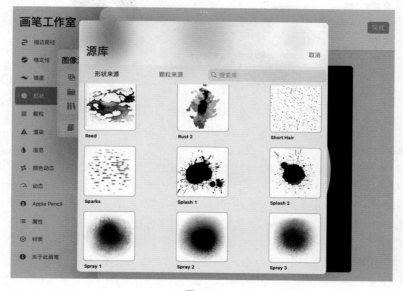

图 1.26

2.形状行为

一个笔刷的形状可以轻按画笔（在画布上轻点一下）观察，笔画则是由画笔形状沿着路径反复"印"在画布上形成的连续形状。在"形状行为"区域可以设置形状的旋转、随机化以及跟随 Apple Pencil 笔尖转换方向的动态等。

- 散布：在默认设置下，形状没有扩散效果，都是统一的方向，使用"散布"属性可以让画笔的形状随机分布，值越大随机效果越明显。
- 旋转：当其设置在中间时（0%），形状方向不会随笔画的方向而变化；设置为100%（滑动条最右方）时，形状会随笔画的方向旋转；设置为 –100%（滑动条的最左方）时，形状会以笔画方向的反方向旋转。
- 个数：设置形状多次印到同一个位置的次数，最多可重复印 16 次。此功能在配合"散布"设置下最能体现出效果，因为在同一点印上的多个形状会以不同方向随机旋转。
- 个数抖动：设置笔刷喷溅在一个位置的随机效果。
- 随机化：在笔画开始随机旋转形状的时候，激活该选项可以让每一个笔画都与前一个笔画不一样，从而创造出更自然的笔画效果，如图 1.27 所示。

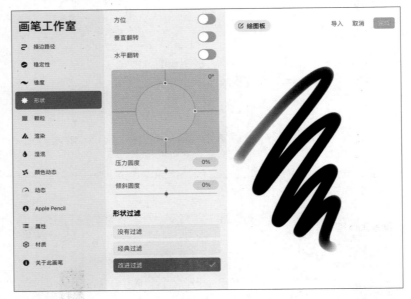

图 1.27

- 方位：激活该选项可以让 Apple Pencil 在旋转时产生手写笔的效果。
- 水平翻转/垂直翻转：通过水平或垂直翻转形状创造多元且自然的笔画效果。
- 笔刷圆度图表：拖动圆形周围的绿色节点可以改变形状的基本旋转方向，拖动蓝色节点可以挤压形状。
- 压力圆度：根据 Apple Pencil 上施压的压力来挤压形状。
- 倾斜圆度：根据使用 Apple Pencil 的倾斜度来挤压形状。

3. 形状过滤

"形状过滤"用于调节抗锯齿效果（控制图像引擎如何处理形状边缘），有"没有过滤""经典过滤"和"改进过滤"3 个选项。

1.7.5　颗粒

　　"颗粒"区域的属性主要控制画笔形状中颗粒的表现，包括抖动、深度、混合模式等，如图 1.28 所示。

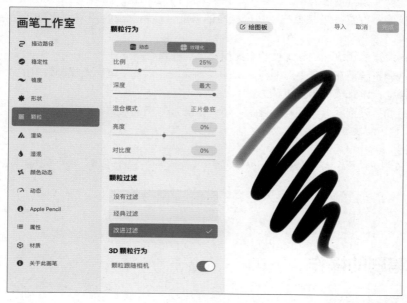

图 1.28

1.7.6　湿混

　　"湿混"区域通过"稀释""支付""攻击"和"拖拉长度"等属性控制画笔的混色特征，如图 1.29 所示。

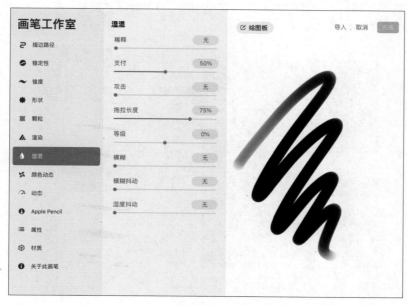

图 1.29

- 稀释：设置画笔上的颜料混合多少水分。
- 支付：设置在下笔时笔刷含有多少颜料。和现实中的画笔一样，在画布上拖拉的笔画越长，画布上留下的颜料越多，当笔刷上的颜料快用尽时，颜色的痕迹就会越来越淡。
- 攻击：调节颜料粘在画布上的多少，设置较高的值能让整个笔画有更加厚重的颜料效果。
- 拖拉长度：设置画笔在画布上拖拉颜料的强度。该属性适合用来创造自然混合、拖拉颜色的效果。
- 等级：设置笔刷纹理的厚重度和对比度。
- 模糊：调整画笔在画布上对颜料添加的模糊程度，以及下笔后该模糊效果的晕染程度。
- 模糊抖动：设置模糊的随机范围。
- 湿度抖动：设置水分与颜料的混合，以产生更加写实的效果。

知识点拨

有时在调整设置后可能会发现笔刷似乎没有改变，试着调整其他设置，因为有些设置会与其他设置互相抵消。

1.8　笔刷的操作

在"画笔工作室"页面中，大量的笔刷会被成组、导入或删除，甚至用户可以创建自己专用的笔刷库，例如"厚涂笔刷组""水彩笔刷组"或"常用万能笔刷组"等。

1.8.1　自定义画笔组

自定义画笔组可以更方便地管理笔刷。将画笔组列表往下拉，单击蓝色的"+"图标，即可创建一个新的画笔组。

轻点自定义画笔组，可以看到"重命名""删除""分享"和"复制"选项，通过它们可以对该组进行相应的操作，如图 1.30 所示。

图 1.30

拖动一个笔刷可以将该笔刷放置到其他画笔组中，向左滑动笔刷会出现"分享""复制"和"删除"按钮，通过它们可以对该笔刷进行相应的操作，如图 1.31 所示。

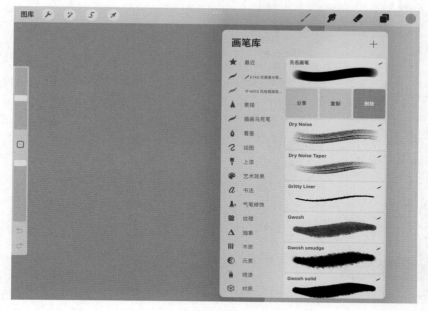

图 1.31

1.8.2　创建拥有自己命名和版权的笔刷

当用户拥有一个习惯使用的笔刷或一个自己的笔刷后，如果希望给这个笔刷进行命名并签名（拥有自己的版权），在 Procreate 中可以进行以下操作。

双击一个笔刷，打开"画笔工作室"页面，然后选中"关于此画笔"，在右侧给笔刷命名，还可以给笔刷签上名字、附上头像以及手写签名，如图 1.32 所示。

- 画笔名称：轻点当前的笔刷名称激活屏幕键盘，输入新名称后轻点键盘上的确认键。
- 个人头像：轻点灰色人像打开"图像源"选项，可以通过"相机"进行拍摄，或从"照片"中载入相册中的已有图片。
- 制作者名称：轻点"制作者"后面暗灰色的输入栏，激活屏幕键盘，为创作输入制作者名称。
- 创建日期：此笔刷创建的日期及时间，Procreate 会自动记录本信息。
- 签名：在虚线上使用手指或 Apple Pencil 签名。
- 创建新重置点：如果用户对现在的笔刷设计感到满意，但还想继续尝试其他设置，可以先保存该设置。
- 重置画笔：如果使用默认画笔，重置当前的所有设置，回到默认画笔的状态。

> **知识点拨**
>
> 在修改一个笔刷时，建议先复制一份进行修改，不要在原来的笔刷上进行修改，否则一旦修改失败将找不回原来的设置。

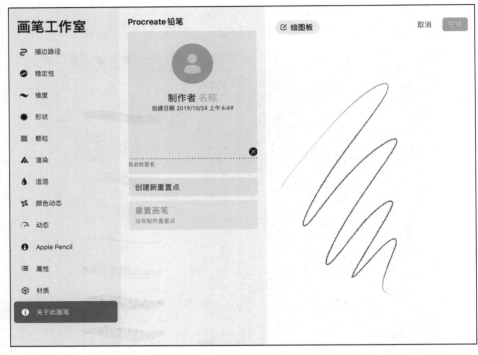

图 1.32

1.9 在 Procreate 中选取颜色

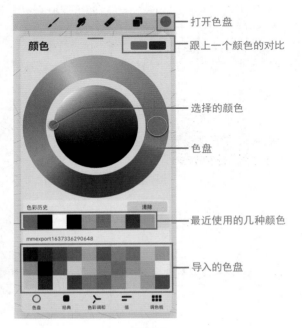

打开色盘

跟上一个颜色的对比

选择的颜色

色盘

最近使用的几种颜色

导入的色盘

图 1.33

在 Procreate 中绘画时有多种选择颜色的方法，例如可以在色盘中任意选择需要的颜色，也可以在已有的图片中吸取颜色，或者导入一个已有的配色色盘进行选择（如图 1.33 所示为色盘）。

1.9.1　色盘

在色盘中有一个外围色环，用于进行色相的选择，当确定了颜色的色相后，在中间的圆圈内可以对该色相进行进一步调整，其中横向为饱和度、纵向为明暗度，如图 1.34 所示。

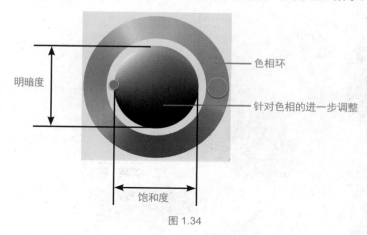

图 1.34

在选择颜色时，首先要确定色相，例如红色，此时色环中包含了红色色相的所有颜色，用户可以根据饱和度和明暗度进行进一步选择。这里以选择肤色为例，首先应该确定色相为红色，然后在色环中选择明度较高的红色，即浅粉红色，接下来在浅粉红色的基础上选择明度较高的区域便能得到肤色。

在绘画过程中，由于肤色系列具有不同的投影效果，所以需要在这个肤色的基础上选择邻近的颜色进行绘制，例如明暗度和饱和度不同的肤色，这样画作中肤色的表现会更加丰富和立体。

1.9.2　经典选色器

经典选择器是一种使用色相、饱和度和明暗度来调色的调色盘，这是一种较为古老的调色方法，熟悉 Photoshop 软件的人对这种调色方法比较熟悉，如图 1.35 所示。

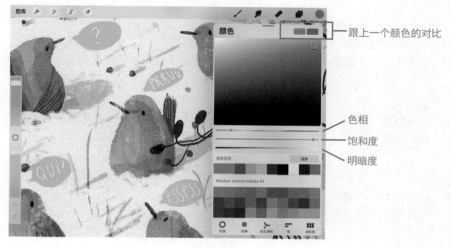

图 1.35

在挑选颜色之后，只要轻点色彩面板以外的任何一处即可关闭界面。

1.9.3 智能选色器

智能选色器是一种由软件提供帮助的选色色盘。在该色盘上分大圆和小圆，大圆是用户直接选择的颜色，旁边的小圆则是软件替用户完成的选色，如图 1.36 所示。

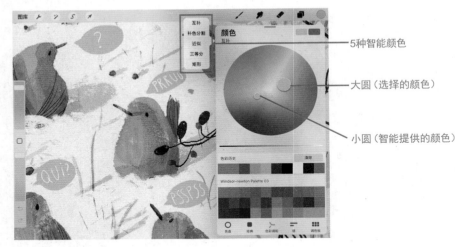

图 1.36

软件可以帮助用户选择 5 种智能颜色方案，即互补、补色分割、近似、三等分和矩形。用户只需点击"颜色"下方的选项列表，然后选择希望软件智能提供的颜色类型即可。

1. 互补

当选择一个颜色时，软件会在小圆内提供该颜色的互补色。在通常情况下，互补色搭配能够产生最大的色差，使画面更加醒目。事实上并非每个人都能准确地选择互补色，所以这个功能非常贴心。

2. 补色分割

"补色分割"与"互补"不同，它提供了两个小圆，分别代表暖色系和冷色系，这为绘画者提供了更加灵活的选择方案。

3. 近似

"近似"提供了两种不同的颜色，分别比选中的颜色更深、更浅。作为插画设计师，在绘画时需要考虑阴影处的颜色和高光下的颜色。智能选色器给出了这两种快捷选择方式，帮助绘画者节省了时间。

4. 三等分

"三等分"与"补色分割"有点类似，也提供了两个小圆，但软件提供的不是补色，而是同类色，这样绘画者就能够选择更加丰富的颜色进行作画，而不仅限于单一的颜色。

5. 矩形

"矩形"的功能与"三等分"相同，旨在为画面表达提供多种同类色，不过它提供了 3 种同类色，让绘画者有了更多选择。

如图 1.37 所示为 5 种智能选色方案的对比。

图 1.37

1.9.4　精准参数化颜色

在设计作品时，设计师有时会遇到对颜色有特定要求的情况，而不能仅凭感觉和肉眼来分辨颜色。为了实现精确的颜色选择，可以利用滑动条来控制色相 / 饱和度 / 亮度（Hue/Saturation/Brightness，简称 HSB）以及红 / 绿 / 蓝（Red/Green/Blue，简称 RGB）的值，还可以通过输入十六进制数值来直接获取所需颜色。这些方法都能帮助设计师更准确地选择和应用颜色，从而提高设计作品的质量和专业性，如图 1.38 所示。

图 1.38

> **知识点拨**
>
> 通过调整 R、G、B 滑块可以获得各种颜色。当 3 个滑块都设置为 0 时，会得到纯黑色；当它们全部设置为 255 时，则呈现纯白色。如果要获得正红、正绿或正蓝色，只需将相应的滑块设置为 255，将其他两个原色滑块设为 0。如果想要调制中间色，例如紫色，可以将两个原色（红、蓝）滑块设置为最大值，将另一个滑块（绿色）设置为最小值。

1.9.5　通过调色板选色

调色板是 Procreate 中最独特的选色模块之一。在这里，用户可以将自己喜欢的色彩以色卡的形式保存下来，可以创建或导入他人的调色板，甚至还能从作品中自动生成调色板进行使用。如图 1.39 所示，调色板可以以紧凑模式或大调色板模式显示。在大调色板模式下，颜色将拥有自己的命名，这是 iPad OS 14 及以上系统独有的调色板显示功能。

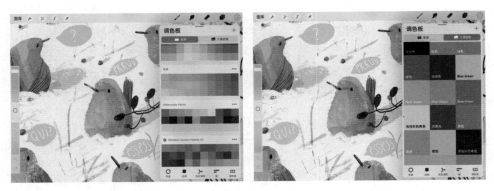

图 1.39

单击"+"图标，可以创建新的调色板，还可以从相机、文件和照片中获取调色板，如图 1.40 所示。调色板可以复制、删除或分享给他人，如图 1.41 所示。

图 1.40

图 1.41

1.9.6 从作品中选择颜色

在画布中有两种方法可以选择颜色，第一种方法是长按画布，弹出一个取色环进行取色，类似于 Photoshop 的吸管工具；第二种方法是单击界面左侧的取色按钮，同样会弹出取色环，进行取色即可，效果与长按画布相同，如图 1.42 所示。

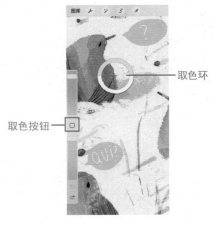

图 1.42

第**2**章

Procreate 的图层和图形操作

Procreate 是一款功能非常强大的绘画软件，它的图层功能尤其突出。和 Photoshop 一样，Procreate 可以对画面的不同区域进行分层，这样可以对画面进行局部处理而不影响画面的其他部分。图层之间可以相互影响，例如进行遮罩和蒙版处理或颜色特效叠加等。当用户熟练地掌握图层的使用之后，绘画效率将会得到极大提升。

2.1 认识图层

如果读者使用过 Photoshop 软件，那么一定知道图层的概念。同样，Procreate 也有图层功能。每一个图层就像是一个透明的"玻璃"，图层内容就画在这些"玻璃"上。如果一个"玻璃"上什么都没有，那么它就是一个完全透明的空图层。当所有的"玻璃"上都有图像时，则可以自上而下俯视所有图层，从而形成图像的显示效果。因此，一个分层的图像文件是由多个图层叠加而成的，如图 2.1 所示。

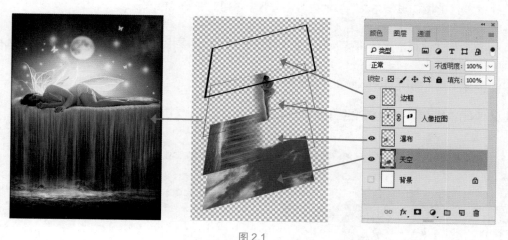

图 2.1

2.1.1 Procreate 的"图层"面板

"图层"面板用于编辑分层的作品，在其中可以对图层进行移动、复制、编辑或混合不同效果。单击工具栏中的 "图层"按钮，打开"图层"面板，如图 2.2 所示。

- 新增图层：在图层列表中单击"+"图标可以新增一个图层，新增的图层位于当前选择图层之上。

图 2.2

- 隐藏图层 / 可见图层：勾选该复选框则图层可见，反之该图层被隐藏。
- 选定图层：当用户选定一个图层时，该图层以蓝色高亮显示，所绘制的内容将在被选定图层上，第二次轻点该图层会弹出图层菜单。
- 图层缩略图：显示当前图层的内容，当背景透明时显示浅色方格。
- 图层名称：默认是系统定义的名称，可以给图层命名，以方便对图层进行组织。
- 混合模式：单击该按钮可以打开混合模式窗口，给图层赋予多种混合方法，或设置图层的透明度。
- 背景图层：每个 Procreate 文件都自带了一个背景颜色图层，轻点此图层可以改变背景颜色。

2.1.2 在"图层"面板中组织图层

图 2.3   图 2.4

在"图层"面板中可以对图层进行创建、复制、删除和成组等操作。

轻点一个图层，该图层以蓝色高亮显示，向右滑动该图层将打开图层选项（显示"锁定""复制"和"删除"按钮，可以对图层进行相应操作），如图 2.3 所示。

如果要多选图层，向右滑动其他图层，被选择图层将以浅蓝色高亮显示，这些图层可以同时进行删除、移动和旋转等操作，如图 2.4 所示。

用两指捏合可以将选择的多个图层合并，如图 2.5 所示。用户也可以单击"图层"面板右上角的"组"按钮将多个图层成组，如图 2.6 所示。

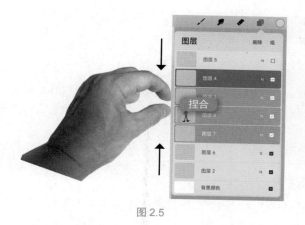
图 2.5

图 2.6

2.2　"图层"面板的操作

通过图层菜单可以对图层进行重命名、选择、拷贝、填充图层、清除等操作，图层菜单中的蒙版工具非常强大，可以进行阿尔法锁定、蒙版、参考、合并等操作。轻点图层就会打开相应的图层菜单，如图 2.7 所示。

图 2.7

2.2.1　给图层重命名

在新增图层时，系统会自动给新图层以递增数字作为默认名称，例如图层 1、图层 2、图层 3 等，用户可以为它们重新命名，以方便查找内容。

选择图层菜单中的"重命名"选项，系统将弹出软键盘，输入图层名称后，按键盘上的确认键或轻点画布中的其他任意位置退出键盘界面即可。

2.2.2　图层的选择

该操作将选取图层中不透明的内容（已绘画的部分）。选择图层菜单中的"选择"选项，选区外的部分会以动态斜对角虚线显示。在选区内能进行各种操作，例如绘画、变形变换、复制、羽化、清除等操作。

如果想取消选择，单击界面左上方的⑤按钮。

2.2.3　拷贝、填充图层、清除和反转

"拷贝"选项用于将图层中的内容复制到剪切板中，以方便用户在其他地方使用。例如，可以将一个图层中的某个元素复制到另一个图层中，或者将其粘贴到其他软件中进行编辑。

"填充图层"选项则是将当前颜色填充到当前图层中。如果有选择区域，则只会将颜色填充到选择区域中，否则会将颜色填充到整个图层中。该选项在制作背景或者填充某个区域时非常有用。

"清除"选项则是将选中区域的内容清空。如果没有选择区域，则会将整个图层的内容清空。该选项在需要删除某个元素或者清空整个图层时非常有用。

"反转"选项是将图层中的颜色反转，反转后的颜色将被它的相对互补色取代。该选项在需要调整图像颜色或者制作特效时非常有用。

图 2.8

2.2.4　图层的阿尔法锁定

阿尔法锁定功能非常有用，在选择该选项后，当前图层的透明区域将被锁定，进行的所有绘画都将在未锁定区域进行，这样可以有效保护透明区域不被涂抹。

选择图层菜单中的"阿尔法锁定"选项后，透明区域将以浅色方块显示，如图 2.8 所示。

> **知识点拨**
>
> 用两指向右滑动被选择图层，则会激活"阿尔法锁定"选项，再次向右滑动则关闭该选项，这是一个快捷方式。

2.2.5　图层蒙版

图层蒙版的功能非常有用，在选择"蒙版"选项后，将在被选择图层上方新建一个子级蒙版图层，用户可以在蒙版上改变父级图层的外观而不对它造成毁灭性的影响，这样就能试验各种颜色及效果。下面举例说明其具体用法。

01 打开本书的分层图片"沙滩.psd"，准备将沙滩上的"鸽子"抹掉，如图 2.9 所示。

02 轻点"鸽子"图层，在弹出的菜单中选择"蒙版"选项，此时在"鸽子"图层的上方会产生一个"图层蒙版"图层，如图 2.10 所示。这个"图层蒙版"图层已经捆绑在了它下面的"鸽子"图层上（当移动一个图层的顺序时，另一个图层会始终跟着一起移动，"图层蒙版"图层是"鸽子"图层的专属蒙版）。

图 2.9

图 2.10

03 使用黑色涂抹图层蒙版，将鸽子抹掉，如图 2.11 所示。此时图层蒙版中只识别黑、白、灰，这是因为蒙版是以不透明度的方式来显示父级图层中的内容，黑色代表不透明度为 0%（不透明），白色代表不透明度为 100%（完全透明）。

04 使用不同深度的灰色涂抹图层蒙版，涂抹鸽子区域，将产生半透明效果，这就是蒙版的作用，如图 2.12 所示。该操作并没有直接破坏父级图层，而是通过更改图层蒙版上的黑、白、灰来显示下面的父级图层。

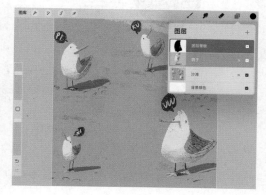

图 2.11

图 2.12

2.2.6　图层剪辑蒙版

使用剪辑蒙版可以读取下方的图层作为通道，比蒙版更加灵活。剪辑蒙版不与父级图层捆绑，可以随意移动图层的顺序。当将它移动到某个图层的上方时，它就作用于其下面的这个图层。剪辑蒙版不像蒙版那样只用黑、白、灰来处理透明度，而是通过下方图层的透明度叠加出效果。下面通过一个例子来体会。

01 在画布上绘制一个绿色圆形，如图 2.13 所示。单击 按钮，然后单击"添加"按钮，从相册中导入一幅图片，将其移动到球体图层的上方，如图 2.14 所示。

02 轻点上一步导入图片的图层，在弹出的菜单中选择"剪辑蒙版"选项，此时图案已经嵌入圆形，如图 2.15 所示。剪辑蒙版的用法就是将下面图层的不透明通道应用到上面的图层中。单击图层名称右边的 N 按钮，打开图层混合选项，设置不透明度为 62%，设置混合模式为"覆盖"（类似 Photoshop 中混合模式的用法），导入的图片和圆形混合在一起，如图 2.16 所示。

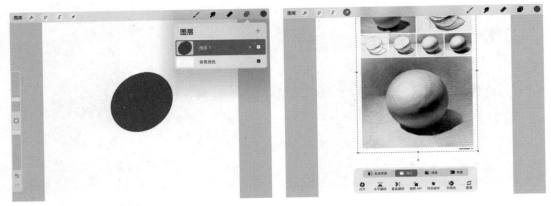

图 2.13   图 2.14

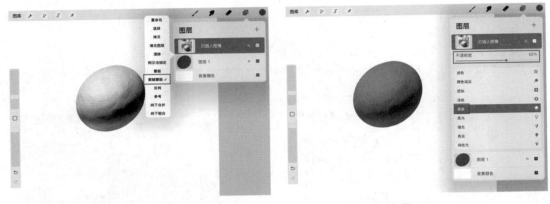

图 2.15   图 2.16

2.2.7 图层的参考功能

"参考"是一个便捷功能，用于将线稿和上色稿分开，以便于绘画者创作。下面举个例子说明一下。

01 在画布上绘制线稿，如图 2.17 所示。轻点该图层，选择"参考"选项，如图 2.18 所示。

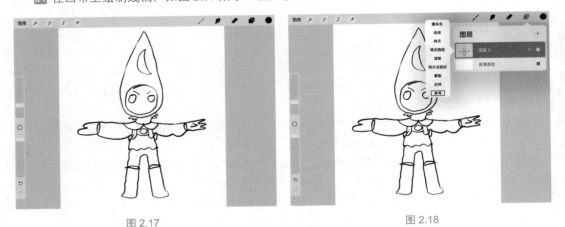

图 2.17   图 2.18

02 在线稿图层之上新建一个透明图层，如图 2.19 所示，以线稿为依据进行填色，此时颜色快填功能将根据线稿的边界进行填充，线稿图层和填色图层是分开的，如图 2.20 所示。

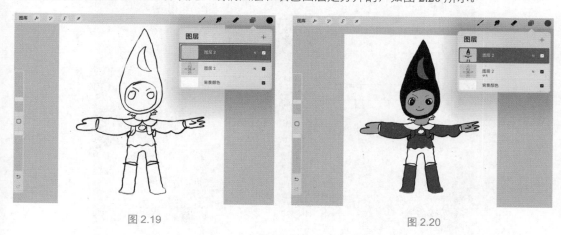

图 2.19　　　　　　　　　　　　　　　图 2.20

知识点拨

　　颜色快填功能是一个快速填色的操作，将界面右上角的色盘图标拖动到画布的一个区域即可实现"填充"动作。

2.2.8　向下合并和向下组合功能

"向下合并"选项用于将图层与图层进行合并；"向下组合"选项用于将图层与图层进行成组。如果想将一组图层合并，使用捏合手势即可将两个图层之间的多个图层进行合并，如图 2.21 所示。

图 2.21

2.3　绘图指引和辅助功能

在 Procreate 中绘画时可以设置一些辅助线，用于帮助绘画者进行创作。单击 按钮打开"操作"面板，在 "画布"页面中激活"绘图指引"选项，如图 2.22 所示，这样就打开了辅助线模式。

单击"编辑绘图指引"选项，打开"绘图指引"面板，如图 2.23 所示，这里有不同的参考线显示方式，可以设置不透明度、参考线的粗细或网格的间隔距离，如图 2.24 所示。

图 2.22

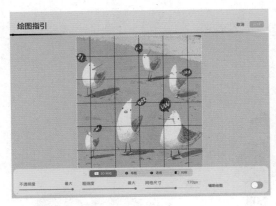

图 2.23

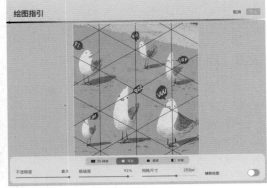

图 2.24

图 2.25

"透视"是一种通过放置"灭点"的方法来设置一点透视、亮点透视或三点透视的参考线,这对于场景绘图非常有帮助,如图 2.25 所示。

当"辅助绘图"选项处于关闭状态时,透视参考线仅给绘画者提供视觉上的参考,如图 2.26 所示。如果激活"辅助绘图"选项,则绘画时线条将自动吸附到参考线上,这相当于给绘画者提供了标尺辅助功能,如图 2.27 所示。

图 2.26

图 2.27

"对称"以横、竖坐标的对称网格显示，不仅可以作为参考线，还能够让画笔以对称方式绘图。对称方式有垂直、水平、四象限和径向 4 种模式，如图 2.28 所示。移动中间的原点可以重新放置对称中心点，如图 2.29 所示。

图 2.28

移动对称中心点

图 2.29

"辅助绘图"选项默认是激活的，在绘画时可以用对称方式描绘，如图 2.30 所示，"辅助绘图"选项的开关在快捷菜单中也有显示，如图 2.31 所示。如果关闭"辅助绘图"选项，则辅助线仅以参考线方式存在。"轴向对称"选项是将绘画以每个轴为对称参考进行镜像，这里不再赘述。

图 2.30

图 2.31

2.4　Procreate 的速创形状功能

　　如果绘画者没有经过系统训练，画出的线条和弧线将是抖动的。在 Procreate 中有一种功能，当绘画者画出一条线或一个封闭形状后不要将画笔离开画布，停留一秒钟后系统会自动将画出的形状进行校正，从而产生完美的弧线、直线或折线，这个造型就是速创形状，如图 2.32 所示。速创形状可以进行编辑，例如方形可以设置成正方形，圆形可以拖动结点重新定义弧度，如图 2.33 所示。

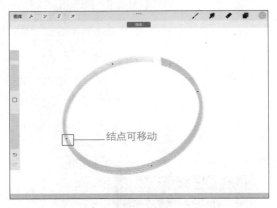

图 2.32

图 2.33

知识点拨

　　如果用户创建的形状不均匀，在长按画笔时用另一个手指按住画布不放，如此操作可以让长方形变成正方形、椭圆形变成正圆形，或者把不对称的三角形转变为等边三角形。

　　如果要缩放或旋转速创形状，首先保持手指长按，接着拖动手指来调整线条或形状的大小及方向即可。如果要用精准的角度旋转形状，在拖动形状时将另一个手指置于画布上，能够以增 / 减 15° 角精准地旋转形状。

2.5　Procreate 的图形选择功能

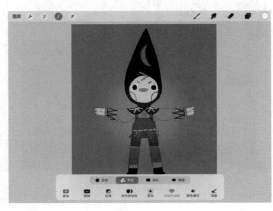

图 2.34

　　在图形图像软件中，选择区域是比较重要的。在绘画时，非选择区域相当于受到了保护，所有的绘画和编辑行为都只能在选区中进行，这就是计算机绘图与传统绘画的区别。

2.5.1　基本选择方法

　　单击 ⑤ "选择" 按钮，打开 "选择" 面板，这里有自动、手绘、矩形和椭圆 4 种选择方法，能够让绘画者对选区有足够的可控性，如图 2.34 所示。

　　"自动" 选择模式类似于 Photoshop 中的魔棒工具，只要在画布上轻点即可瞬间选择图层上物体的轮廓，这种选择方式是以邻近色为依据进行选择的。

　　单击"自动"按钮，轻点浅灰色背景（选中区域之所以是深灰色，是因为"自动"选择模式以选中色的补色呈现），如图 2.35 所示。可以看到，由于浅灰色背景不是很纯净，所以并没有被完全选中。此时向右滑动画布，就会增加选择阈值，也就是增加浅灰色的容差度，直到背景被全部选中，如图 2.36 所示。这就是"自动选择"模式的用法。

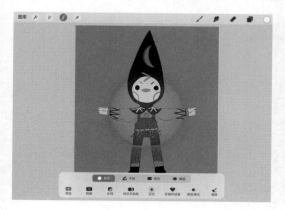

图 2.35

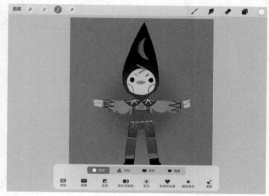

图 2.36

　　"手绘"选择模式是使用画笔进行选取绘制，凡是画笔圈中的区域即为选区。这种选择方法可以连续圈选，也可以用多边形方式圈选，如果想封闭选区，单击选择虚线起始点的灰色圆点即可完成选择，如图 2.37 所示。

灰色圆点

选择区域以
虚线显示

图 2.37

　　"矩形"和"椭圆"选择模式是使用方形和圆形选择方式来框选。在 4 种选择模式的下方有 8个按钮，用于对选区进行加选、减选、反转、羽化和清除等；"拷贝并粘贴"是一个快速将选区内的图形进行复制的快捷工具；"颜色填充"是在选区中快速填充当前色盘颜色的快捷工具（也可以像自动选择一样进行阈值滑动），这些功能非常简单，这里就不再赘述。

2.5.2 高级选择方法

在 Procreate 中有几个选择方法，用好了可以大幅度提高绘画速度。

图 2.38

长按 S "选择"按钮，系统会载入上一次使用的选区，系统有记忆功能，载入选区后可以对当前选区进行进一步编辑。

使用"选择"面板下方的"存储并加载"按钮，可以将选区进行保存，以备日后加载。

用户可以在图层上用两指长按快捷选择，配合羽化工具能获得比较好的选择效果。

在图层菜单中选择"选择"选项，可以立刻加载当前图层的图形选择区域，这是一个快捷操作，如图 2.38 所示。

2.6 Procreate 的裁剪和缩放功能

在 Procreate 中可以自由裁剪画布以及缩放画布的尺寸，裁剪就是将一幅画截取局部或扩展画布边缘让尺寸更大，缩放就是将画布进行按比例放大或缩小。

图 2.39

单击 ✦ 按钮打开"操作"面板，在 "画布"页面中选择"裁剪并调整大小"选项，此时画布将进入裁剪状态，用户可以拖动边界框自由裁剪画布，也可以在"设置"面板中对画布进行精准设置，如图 2.39 所示。

激活"画布重新取样"选项，比例锁定链接将自动启动，以便于重新调整画布尺寸时确保留有原始的宽高比例；通过"旋转"滑块可以调节画面的旋转角度。

2.7 Procreate 的变换功能

Procreate 的变换工具有 3 大类，第一类是位移、旋转和缩放等基本工具；第二类是变形工具（自由变换、等比变形、扭曲和弯曲等）；第三类是便捷工具，有对齐、水平 / 垂直翻转、按 45°角旋转、符合画布和差值等，这些变换都是调节像素的位置。

　　单击 按钮，打开变换工具面板，此时当前图层默认被选择，图形周围有缩放结点和旋转结点，如图 2.40 所示。

　　按住图形拖动可以执行移动操作，拖动旋转结点可以对图形进行旋转，通过变换工具面板下方的"水平翻转""垂直翻转"和"旋转 45°"按钮可以对图形进行相应的快捷旋转操作，如图 2.41 所示。在"自由变换"模式下，拖动任意缩放结点可以对图形进行任意比例缩放，如图 2.42 所示。

图 2.40

图 2.41

　　在"等比"模式下拖动缩放结点则对图形进行等比缩放，如图 2.43 所示。使用捏合手势可以对图形进行快速缩放，图形将以中心点为轴心进行放大或缩小。当"对齐"按钮被激活时，图形整体移动或结点移动时将自动吸附到设置的网格结点上，这是一个快捷锁定位置的工具。

图 2.42

图 2.43

　　在"扭曲"模式下拖动缩放结点可以对图形进行角度缩减，使用扭曲变形可以让图形往某一角度缩减来模仿透视效果，如图 2.44 所示。在"弯曲"模式下可以在图形内部进行变形控制，而不仅仅在边缘控制图形的变形，如图 2.45 所示。

　　激活"高级网格"模式将显示控制结点，可以让用户更加精准地进行变形操作，如图 2.46 所示。"重置"则将所有变换还原成初始状态，用户可以使用双指轻点和三指轻点进行还原上一步和重做上一步的操作。

图 2.44

图 2.45

"符合画布"用于快速将图形充满画布，是一种快捷变换工具，可以和其他变换工具（缩放、旋转、扭曲或弯曲等）结合使用。

"差值"是软件内部处理画面像素的技术，一般情况下在旋转、扭曲或弯曲图形时系统没有将画面某处的邻近颜色很好地融合就会尝试更换差值，这里可选的差值有"最近邻""双线性"和"双立体"，"最近邻"容易产生锯齿，"双线性"可以让画面柔和，"双立体"能呈现最锐利和精准的效果，如图 2.47 所示。

拖动缩放结点

图 2.46

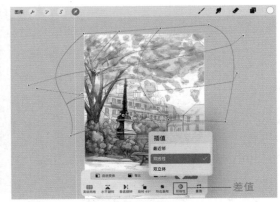

差值

图 2.47

图 2.48

2.8 绘制过程的动画录制

在 Procreate 中，可以将绘画过程以缩时视频的方式记录下来，并能够将视频保存和分享。

当一幅作品完成后，系统会默认记录缩时视频。单击 "操作"按钮，在"视频"页面中单击"缩时视频回放"选项，如图 2.48 所示，此时会打开"缩时视频回放"面板，左右滑动画面可以对视频进行快进和后退，如图 2.49所示。

在新建画布时，缩时视频默认启动录制，用户可以在创建画布时提前设置视频录制的画质。进入图库，单击"+"图标，然后单击 ▬ "自定义画布"按钮，打开"自定义画布"页面，如图 2.50 所示。在这里可以设置视频的分辨率（例如 1080p、2K 或 4K），也可以选择"低质量"（文件尺寸较小，便于分享）或"无损"（无失真的完美质量，但文件尺寸较大）等质量录制。HEVC 编码支持 Alpha 通道，并能够用较小的文件尺寸表现较高质量的视频。

图 2.49

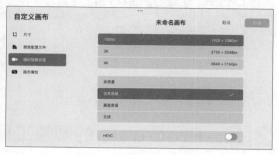

图 2.50

单击"导出缩时视频"选项，系统会提示选择全长或 30s 缩时视频，然后就可以进行视频分享了，如图 2.51 所示。

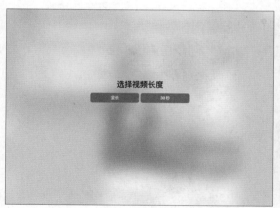

图 2.51

在 Procreate 中，可以用"私人图层"方式插入不会出现在缩时视频中的文件或照片。有时候在绘画过程中会导入参考图或其他文件，如果作者不想在缩时视频中公开这些内容，可以插入私人图层，这样系统就会在录制缩时视频时忽略这些隐私内容。添加私人图层的方法如下。

单击 ▶ "操作"按钮，在"添加"页面中向左滑动"插入文件""插入照片"或"拍照"选项，这里向左滑动"插入文件"选项，此时会显示"插入私人文件"字样，如图 2.52 所示，这样缩时视频就不会出现这些隐私内容了。在选择要插入的内容后，图层上会显示"私人"二字，如图 2.53 所示。

图 2.52   图 2.53

2.9   Procreate 的调整工具

Procreate 的调整工具有 4 大类，第一类是颜色调整工具，用于对图像的色相、饱和度、亮度、颜色平衡、曲线和渐变映射等进行调节；第二类是模糊特效工具，用于修整图像；第三类是特效滤镜，用于为图像添加杂色、锐化、泛光、故障艺术、半色调、色相差等滤镜；第四类是液化和克隆，用于局部变形和局部克隆图像。

Procreate 的调整工具如图 2.54 所示，大家可以试着用它们对图像进行修改。

图 2.54

2.9.1   Procreate 的颜色调整工具

Procreate 的颜色调整工具有 4 种，分别是"色相、饱和度、亮度""颜色平衡""曲线"和"渐变映射"。

1. 色相、饱和度、亮度

"色相、饱和度、亮度"命令用于对色相、饱和度和亮度进行修改，既可以单独调整单一颜色的色相、饱和度和亮度，也可以同时调整图像中所有颜色的色相、饱和度和亮度，选择"色相、饱和度、亮度"命令，可以在画布下方显示 3 个调节滑动条，如图 2.55 所示。

图 2.55

用手指轻点画布，可以打开调整操作菜单，其中有 5 个按钮。

- 预览：所有编辑套用前后的效果（手指按下该按钮显示初始状态，手指离开该按钮显示当前操作后的效果）。
- 应用：应用当前的所有编辑，并仍然处在编辑界面状态，可重新进行下一步编辑。
- 重置：将所有编辑清除，回到初始状态。
- 撤销：退回到上一个编辑操作。
- 取消：取消所有编辑并退出调整工具界面。

色相、饱和度和亮度是色彩的三要素，是调整图像颜色的重要依据。

- 色相："这是什么颜色"，通常大家在问这个问题的时候，其实问的就是图像的色相。红、橙、黄、绿、青、蓝、紫这些都是色相，如图 2.56 所示为不同色相的效果。

图 2.56

- 饱和度：饱和度指的是色彩的鲜艳程度，当饱和度很高时，画面看起来会很鲜艳；当饱和度很低时，画面看起来就像是黑白的，如图 2.57 所示。
- 亮度：亮度指的是色彩的明暗度，亮度越高，画面看起来越白；亮度越低，画面看起来越黑，如图 2.58 所示。

图 2.57   图 2.58

　　一幅图像的颜色要有目的地进行调节，无论是有彩色还是无彩色，都有自己的情感特征，不同的颜色代表着不同的含义，冷色调常给人压抑的感觉，而暖色调能带给人温暖的感觉。

2.颜色平衡

"颜色平衡"命令一般用来调整偏色的照片，选择"颜色平衡"命令，可以在画布下方打开 3 个滑动条，如图 2.59 所示。

图 2.59

颜色平衡有"阴影""中间调"和"高亮区域"三大阶调，这是一种比较高级的色调调节工具。

- 阴影：阴影也叫暗调，是图像中最暗的地方，被称为黑场。
- 中间调：中间调是图像中除了最暗和最亮地方的其他地方，被称为灰场。

- 高亮区域：也叫亮调，是图像中最亮的部分，被称为白场。

3.曲线

"曲线"命令用于调整图像的色调范围和颜色平衡。选择"曲线"命令，打开"曲线"面板，可利用曲线精确地调整颜色。在默认状态下，移动曲线顶部的点主要是调整高光；移动曲线中间的点主要是调整中间调；移动曲线底部的点主要是调整暗调，如图 2.60 所示。

拖动结点改变曲线

颜色通道

图 2.60

默认调节"伽玛"值，"伽玛"代表同时调节三原色通道——红色、绿色、蓝色。用户可以对"红色""绿色"和"蓝色"通道单独调节，单独调节通道可以更精确地控制画面的偏色，假如画面偏暖，则可以单独降低红色通道曲线。

4. 渐变映射

渐变映射是一个颜色替代工具，可以用指定的颜色替代图像中的高光、中间调和阴影部分，从而获得梦幻般的效果，常用于制作插画。

选择"渐变映射"命令，打开"渐变映射"面板。用户可以将软件自带的渐变套用到自己的原图像色阶上，或者自定义渐变映射。渐变色库自带了 8 种预设渐变（神秘、微风、瞬间、威尼斯、火焰、霓虹灯、黑暗、摩卡），在选择一个预设后，画面将变成相应的效果，如图 2.61 所示。

新增自定义
渐变映射

图 2.61

　　单击"+"图标新增一个自定义渐变映射，新增的渐变映射的两端自带两个颜色结点，色阶的左边影响图像中的阴影、暗调处，右边影响图像中的高光、亮调处，单击渐变条中间可以增加颜色结点（最多增加 10 个）。单击结点小方框则弹出"颜色"面板，可以进行颜色的选择，如图 2.62 所示。

　　完成渐变映射后，左右滑动画布可以调节渐变映射的混合强度，如图 2.63 所示。

图 2.62　　　　　　　　　　　　　　　　图 2.63

知识点拨　　长按一个结点小方框可以将该颜色结点从渐变映射过渡条中删除；轻点渐变映射名称的位置可重新命名；修改好后轻点"完成"按钮可将渐变映射编辑保存至渐变色库中。

2.9.2　Procreate 的模糊特效工具

　　Procreate 的模糊特效工具有 3 种，分别是"高斯模糊""动态模糊"和"透视模糊"。高斯模糊可将图像柔化，动态模糊可创造出快速动态的视觉效果，透视模糊可创造出镜头缩放动感特效。

　　1. 高斯模糊

　　高斯模糊除了可以对图像进行模糊以外，还常用于配合图层的混合叠加特效，例如人物脸蛋的红晕。

　　01 用红色在人物的脸蛋处涂色，如图 2.64 所示。

图 2.64

02 选择"高斯模糊"命令，左右滑动画布以调节高斯模糊的强度，完成后再给图层添加"覆盖"混合特效，一个红脸蛋就做好了，如图 2.65 所示。

图 2.65

2. 动态模糊

动态模糊的用法与高斯模糊类似，只是在滑动的时候软件会根据滑动方向对图像进行具有方向性的模糊处理，如图 2.66 所示。

3. 透视模糊

透视模糊的用法与动态模糊类似，只是在执行模糊操作前要先放置透视中点，如图 2.67 所示，然后再滑动画布产生模糊效果，软件会根据中点的放置位置对图像进行具有方向性的模糊处理（这是位置透视模糊的操作方法），如图 2.68 所示。

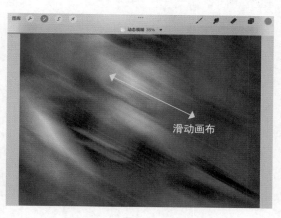

图 2.66

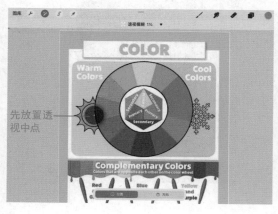

图 2.67

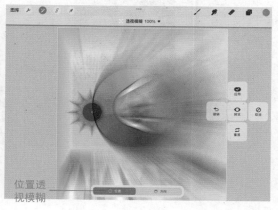

图 2.68

透视模糊分为以下两种模式。

- 位置透视模糊：该模式以圆盘为中心，产生向各处放射的模糊效果。

- 方向透视模糊：该模式根据设置的方向单向放射模糊效果。

与上面讲的位置透视模糊不同的是方向透视模糊可以控制模糊的透视方向。同样，在执行模糊操作前要先放置透视中点，如图 2.69 所示，然后再滑动画布产生模糊效果，软件会根据设置的方向进行具有方向性的模糊处理，如图 2.70 所示。

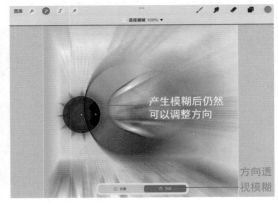

图 2.69　　　　　　　　　　　　　　　　　　　　图 2.70

2.9.3　Procreate 的特效滤镜

Procreate 的特效滤镜有 6 种，可以对图像添加杂色、锐化、泛光、故障艺术、半色调、色相差等效果。

1. 杂色

杂色滤镜主要用于给图像增加各种颗粒纹理，产生复古风格的效果。

选择"杂色"命令打开"杂色"面板，可以通过"云""巨浪"和"背脊"3 种不同模式设置杂色，再通过调节"比例""倍频"和"湍流"来控制杂色的细节，如图 2.71 所示。通过左右滑动画布来控制杂色和背景图的叠加透明度。

原图

图 2.71

2. 锐化

锐化滤镜主要用于给图像增加视觉硬度，减轻像素之间的柔和效果。锐化效果一般应用于局部，例如加强纹理效果或强调聚焦等。

3. 泛光

泛光滤镜主要用于给图像增加光晕，让高光处产生梦幻的光线效果。

选择"泛光"命令打开"泛光"面板，可以通过"过渡""尺寸"和"燃烧"3 个参数来控制泛光的细节，如图 2.72 所示。通过左右滑动画布来控制泛光的总体强度。

原图

图 2.72

4. 故障艺术

故障艺术滤镜主要用于给图像增加"伪影""波浪""信号"和"发散"4 种干扰元素，并通过相应参数来控制故障艺术的细节，如图 2.73 所示。通过左右滑动画布来控制故障艺术的总体强度。

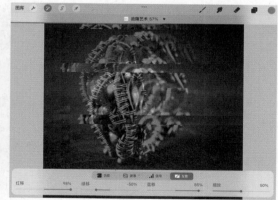
图 2.73

5.半色调

半色调滤镜主要用于给图像增加印刷风格的圆点效果，有"全彩""丝印"和"报纸"3 种特效可选，如图 2.74 所示。

通过左右滑动画布来控制圆点的尺寸和间隔距离，如图 2.75 所示。

图 2.74

图 2.75

6.色像差

　　色像差滤镜用于改变 RGB 图像中红色和蓝色通道的位置，仿造相机镜头中的色像差特效。摄影技术中的色像差效果比较细微，看起来像蓝色或红色的色晕。在 Procreate 中可以控制色像差的方向和偏离度，让画面更加酷炫。色像差滤镜有"透视"和"移动"两种模式。

- 透视：该模式先设置透视点，然后根据透视点的方向控制红色和蓝色通道的叠加效果，如图 2.76 所示。
- 移动：该模式直接滑动画布，根据滑动的方向和距离控制红色和蓝色通道的叠加效果，如图 2.77 所示。

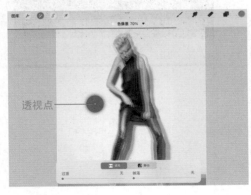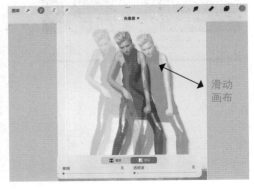

图 2.76　　　　　　　　　　　　　　　　　　　图 2.77

2.9.4　液化和克隆

Procreate 的"液化"工具是通过不同方式扭曲变化图层上的像素，让画面产生艺术变形效果；"克隆"则是将画面的一部分复制到另一个区域。

1. 液化

选择"液化"命令打开"液化"面板，在该面板中可以选择"推""顺时针转动""逆时针转动""捏合""展开""水晶"和"边缘"6 种液化模式，其右侧有"重建""调整"和"重置"3 种效果控制，下方有"尺寸""压力""失真"和"动力"4 种画笔控制参数，如图 2.78 所示。

图 2.78

- 推：该功能类似 Photoshop 中的涂抹工具，根据画笔的划动方向推动画面中的像素，如图 2.79 所示。

图 2.79

- 顺时针 / 逆时针转动：该功能可以对像素产生旋转，如图 2.80 所示。

原图

图 2.80

横向划动画笔会产生波浪效果，长时间按压会让旋转效果加强，如图 2.81 所示。

图 2.81

- 捏合 / 展开 / 水晶：捏合可让像素吸收到笔画的周围，如图 2.82 所示；展开则将像素向外推
  开，类似吹气球效果，如图 2.83 所示；"水晶"是将像素不平均地推开，创造出细小、尖
  锐的碎片效果，如图 2.84 所示。

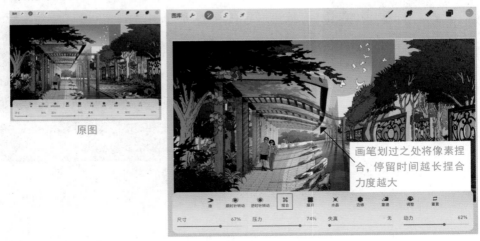

原图

图 2.82

图 2.83

图 2.84

- 边缘：边缘是以线状方式吸收周围的像素而非往单点吸收。
- 重建 / 调整 / 重置："重建"用于将画面恢复到初始状态，当创造了某种效果后，该功能适合将某个区域恢复成初始状态的时候使用；"调整"用于将效果"减弱"；"重置"是将画面中所有的效果清除，回归初始状态。

"尺寸""压力""失真"和"动力"4 种画笔控制参数用于笔刷效果的微调，如图 2.85 所示。

图 2.85

- 尺寸：控制笔触的尺寸，决定液化效果影响的范围大小。
- 压力：根据绘画者按压 Apple Pencil 的力度决定效果的强弱。
- 失真：给效果增添一些随机元素，使扭曲效果、锯齿效果更强或转动的幅度更大。
- 动力：让液化效果在笔尖从画布离开后能持续变形，产生笔刷泼溅的效果。

2. 克隆

克隆类似 Photoshop 中的橡皮图章工具，可以快速、自然地将图像的某一部分复制到另一部分中。操作方法如下：

01 选择"克隆"命令，画布中出现一个圆形定位，将圆形定位移动到想要复制的区域，如图 2.86 所示。

02 选择一个笔刷，在需要克隆的地方进行涂抹，则涂抹处即克隆出圆形定位所圈定的内容，如图 2.87 所示。用户可以在左边的滑块中调节画笔的尺寸和不透明度，用于控制克隆的笔刷和克隆的不透明度效果。

在克隆时可以移动圆形定位，如果想锁定它的位置，长按即可，再次长按则解锁。

圆形定位

图 2.86

笔刷尺寸

不透明度

图 2.87

可爱插画设计是一种以可爱、萌系为主题的插画风格，它通常使用柔和、明亮的色彩以及简单、流畅的线条来表现人物、动物或物品的形态和特点。这种风格的插画通常具有温馨、轻松、愉悦的氛围，能够很好地表现出生活中的小幸福和美好。

3.1 绘制一个简单的卡通

下面绘制一个简单的卡通画，以学习最基本的 Procreate 绘画方法。

3.1.1 新建画布

01 在 iPad 中打开 Procreate 软件，进入图库，单击"+"图标，在画布预设中有很多预先设置好的尺寸可选，单击 ▬ "自定义画布"按钮，如图 3.1 所示。

> (!) 提示
>
> 当 Procreate 导入 Photoshop 文件（PSD）时会保留锁定图层、图层背景、相容滤镜效果和图层混合模式。

02 在"自定义画布"页面中设置尺寸为 2000×2000px，设置分辨率为 300，如图 3.2 所示。

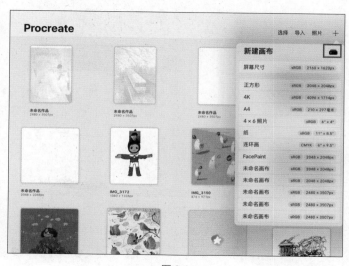

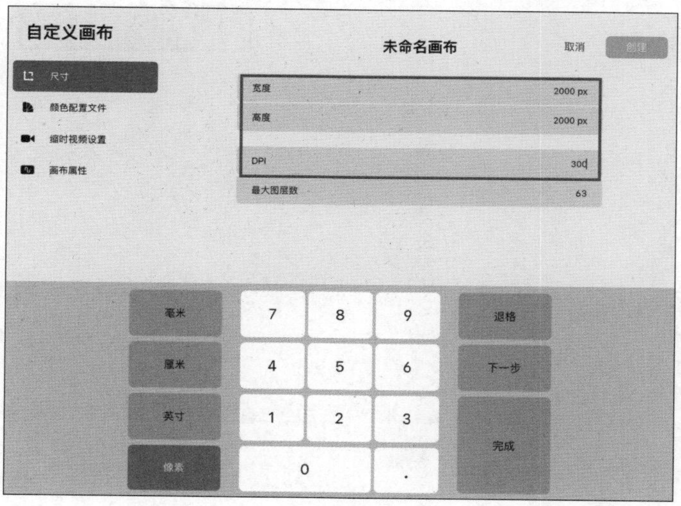

图 3.1

图 3.2

图 3.3

03 设置"颜色配置文件"的颜色属性为 RGB，如果是印刷文件，则需要设置颜色属性为 CMYK。在设置完成后单击 创建 按钮确认，如图 3.3 所示。

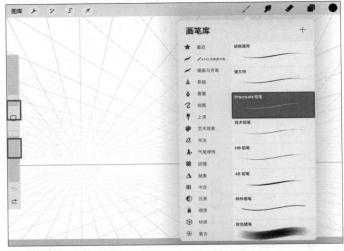

图 3.4

3.1.2 绘制线条

01 准备绘制线条。首先在 Procreate 中单击工具栏中的 ✎ "画笔"按钮，在弹出的"画笔库"面板中选择笔刷，本例使用"Procreate 铅笔"笔刷，在界面左侧调整笔刷的尺寸和不透明度（本书中的所有笔刷均在配套资源中提供），如图 3.4 所示。

> ⚠ **提示**
>
> 可以将原创的笔刷向朋友分享，甚至可以在网上售卖个人笔刷库。

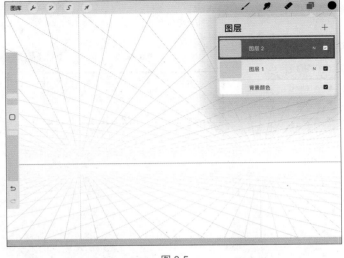

图 3.5

02 单击工具栏中的 ▤ "图层"按钮，打开"图层"面板，单击 ⊞ 按钮新建一个图层，如图 3.5 所示。大家在绘制一个新作品时要养成新建图层的好习惯，这样便于后期调整。

03 单击新建图层的缩略图部分（左侧），在弹出的菜单中选择"重命名"选项，如图 3.6 所示。

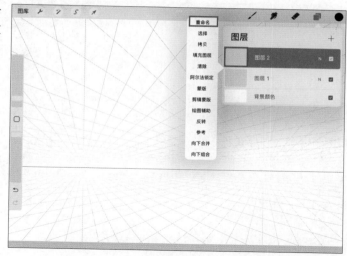

图 3.6

04 将该图层命名为"线稿草图"，如图 3.7 所示。

图 3.7

05 单击工具栏中的 ● "颜色"按钮，打开"颜色"面板，在色盘中选择灰色，如图 3.8 所示。

(!) 提示

色盘由外围的色相圈和内部的饱和度色环所组成。

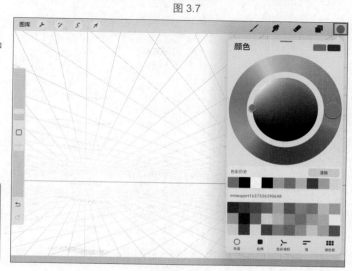

图 3.8

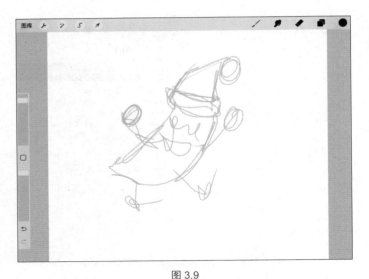

图 3.9

06 用铅笔笔刷绘制一个草图，如图 3.9 所示。

图 3.10

07 在绘制完成后，单击工具栏中的 █ "图层"按钮，打开"图层"面板，然后单击"线稿草图"图层的 N 按钮，设置"不透明度"为6%，这个草图将作为正式线稿的底图使用，如图 3.10 所示。

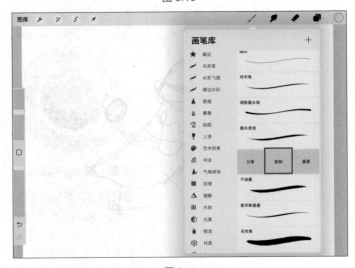

图 3.11

08 Procreate 软件默认的笔刷可以校正抖动，而大家在手绘线稿时通常不希望有太工整的笔触，此时可以关闭笔刷的自动抖动校正功能。单击工具栏中的 ∕ "画笔"按钮，在弹出的"画笔库"面板中选择"工作室笔"笔刷，然后向左滑动该笔刷，单击"复制"按钮复制一个新的笔刷（在改变笔刷属性时要复制一个笔刷进行修改，保留原笔刷的属性），如图 3.11 所示。

09 单击新复制的笔刷，打开"画笔工作室"页面，将"稳定性"选项的"数量"设置为 0，这样就关闭了该笔刷的自动抖动校正功能，可以产生自然的手绘效果，如图 3.12 所示。

> ⚠ **提示**
>
> Procreate 的稳定修正功能可套用在所有笔刷上，也可套用在单个笔刷上。

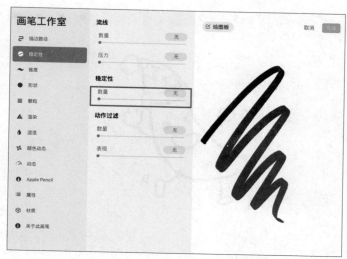

图 3.12

10 为了在绘制线稿时防止手势的误操作，单击工具栏中的 🔧 "操作"按钮，打开"操作"面板，单击"手势控制"选项，如图 3.13 所示。

图 3.13

11 在打开的"手势控制"页面中将禁用触摸操作的开关打开，单击 完成 按钮，如图 3.14 所示。

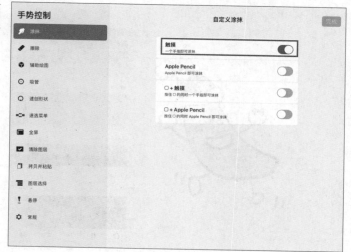

图 3.14

图 3.15

12 在"图层"面板中单击 ⊞ 按钮新建一个图层，选择褐色绘制正式线稿，如图 3.15 所示。

图 3.16

3.1.3　颜色填充

01 选择紫色，将紫色色块拖动到帽子区域进行填充（如果拖动后不抬笔，将进入填充阈值控制状态，左右拖动画笔可以减小或增加阈值，用于控制填充的力度），如图 3.16 所示。

图 3.17

02 选择黄色，将黄色色块拖动到卡通身体区域进行填充，如图 3.17 所示。至此，卡通的上色完成。

03 在卡通绘制完成后可以将其
保存为各种图像格式。单击工具栏中
的 🔧 "操作" 按钮，打开"操作"
面板，然后单击"分享"按钮可将其
导出，如图 3.18 所示。

图 3.18

3.1.4　涂抹阴影

01 在绘制卡通图层的上方新建
一个图层，然后轻点该图层，在弹出
的快捷菜单中选择"剪辑蒙版"，如
图 3.19 所示，这样只能以下方的卡
通图层为限制区域进行绘图。

图 3.19

02 设置该图层的混合模式为
"正片叠底"，如图 3.20 所示。

图 3.20

图 3.21

03 在调色盘中设置颜色为浅灰色（H=0 S=0 B=80%），如图 3.21 所示。

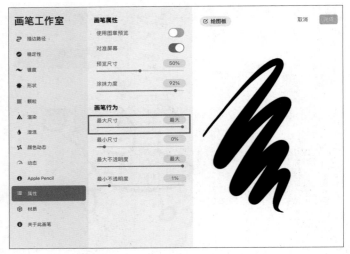

图 3.22

04 如果觉得"工作室笔"笔刷的最大尺寸太细，不适合阴影的绘制，可以轻点该笔刷，在画笔工作室的"属性"区域将画笔的"最大尺寸"设置为最大，如图 3.22 所示。

图 3.23

05 在卡通的阴影处涂抹，由于该图层设置了"正片叠底"的混合模式，阴影就产生了，如图 3.23 所示。

06 可以多建几个"正片叠底"的图层，使用不同深度的灰色进行阴影的涂抹，如图 3.24 所示。

图 3.24

3.2 绘制具有风格色调的卡通

配色对于一个插画来说非常重要，优秀的配色能让插画的整体风格变得高级，如图 3.25 所示。优秀的配色是可以借鉴的，在 Procreate 中打开一幅优秀的配色作品，将该作品生成可用的调色盘，就可以用这幅优秀作品的配色进行上色了。下面绘制一个具有优秀配色的卡通画，用来学习最基本的 Procreate 配色方法。

图 3.25

3.2.1 从图片创建调色盘

01 在 Procreate 中打开调色板，单击"+"图标，选择"从'照片'新建"选项，如图 3.26 所示。

02 在相册中找到事先准备好的图片，本书提供了一幅效果图"色板图 1.png"，系统将自动生成一个调色盘，如图 3.27 所示。

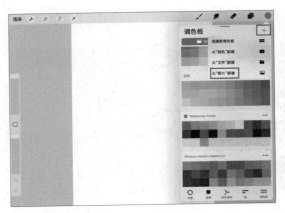

图 3.26

图 3.27

图 3.28

3.2.2　使用创建的调色盘

01 单击工具栏中的 ✐ "画笔"按钮，在弹出的"画笔库"面板中选择"Procreate 铅笔"笔刷，如图 3.28 所示。

02 单击工具栏中的 ▣ "图层"按钮，打开"图层"面板，然后单击 ⊞ 按钮新建一个图层，在该图层上绘制线稿，并将该图层命名为"线稿"，如图 3.29 所示。

03 在"线稿"图层的下方新建一个图层，命名为"上色"，然后在"画笔库"面板中选择"工作室笔"笔刷，用 ▢ 色（R=255 G=227 B=209）给人物的面部上色，如图 3.30 所示。

图 3.29

图 3.30

04 用 ███ 色（R=93 G=171 B=156）和 ███ 色（R=206 G=3 B=45）给人物的服装上色，如图 3.31 所示。

05 用 ███ 色（R=86 G=135 B=165）、███ 色（R=247 G=206 B=174）和 ███ 色（R=157 G=97 B=170）给人物的眼睛、牛仔裤、头发和领子上色。眼睛注意留高光，鞋子用 04 步的红色绘制，如图 3.32 所示。

图 3.31

图 3.32

06 新建一个图层，命名为"背景"，然后用 ███ 色（R=29 G=99 B=123）给背景上色，如图 3.33 所示。

07 用 ███ 色（R=129 G=105 B=97）和 ███ 色（R=40 G=95 B=96）在背景上绘制简单的房子和地面阴影，本例制作完成，效果如图 3.34 所示。

图 3.33

图 3.34

第**4**章 ◀◀
扁平化风格插图绘画

大家是否注意到一种插画风格已经不知不觉地渗透到我们的生活中，App 闪屏、横幅设计、海报和 UI 界面等都有它的影子，这就是本章的主角——扁平化风格插画。扁平化是近几年逐渐流行起来的一种设计及绘画风格，它用简单的线条或色块概括外部轮廓，呈现出"平"的感觉，具有强烈的时尚简约风格。

4.1 栖息的鹦鹉

图 4.1

在本例中将通过对参考图的临摹来学习 Procreate 的基本用法，内容包括色板的应用、剪辑蒙版的使用和喷涂肌理的绘制方法。对于插画设计而言，添加的细节可以包括颜色的丰富变化、肌理、点/线/面的装饰、各种图案装饰和不同材质的表现等，用户可以按照个人喜好添加这些细节。此外，用户也可以将这几种风格结合起来，比如本例中的肌理和颜色渐变，如图 4.1 所示。在风格上，用户可以多尝试不同的比例，找到自己最擅长的画法，以达到事半功倍的效果。

4.1.1 新建画布和导入参考图

01 在 Procreate 中可以选择软件自带的画布样板或自定义画布尺寸。在 iPad 中打开 Procreate 软件，进入图库，单击"+"图标，在画布预设中有很多预先设置好的尺寸可选，单击 ▬ "自定义画布"按钮，在"自定义画布"页面中设置画布尺寸，设置完成后单击 ▬▬▬ 按钮确认，如图 4.2 所示。

02 为了让插画效果更突出，本例将使用深色界面，这是 Procreate 软件提供的一个便捷功能。单击 ✍ 按钮打开"操作"面板，关闭"偏好设置"下的"浅色界面"选项，如图 4.3 所示。此时的深色界面效果如图 4.4 所示。

图 4.2

图 4.3

03 导入参考图。用手指滑动 iPad 界面的底部，如图 4.5 所示，拖动相册图标到界面的左边，选择鹦鹉参考图，这样就用左右分屏的方式显示出本例的参考图，如图 4.6 所示。

04 准备绘制线稿。首先单击工具栏中的
■"图层"按钮，打开"图层"面板，单击＋按钮新建一个图层，如图 4.7 所示。大家在绘制一个新作品时要养成新建图层的好习惯，这样便于后期调整。然后单击工具栏中的 ✎ "画笔"按钮，在打开的"画笔库"面板中选择笔刷，本例选择"HB 铅笔"笔刷，在界面左侧调整笔刷的尺寸和不透明度，如图 4.8 所示。

图 4.4

图 4.5

图 4.6

图 4.7

图 4.8

4.1.2 绘制线稿

01 使用速创图形功能绘制圆形。在调色盘中选择■■色（R=208 G=18 B=27），然后在画布上手绘一个椭圆形，画笔停留几秒不放，系统会自动产生光滑的椭圆形，如图 4.9 所示。

02 单击画面上方的"编辑形状"按钮，选择"圆形"选项，此时绘制的椭圆形会变成正圆形，如图 4.10 所示。

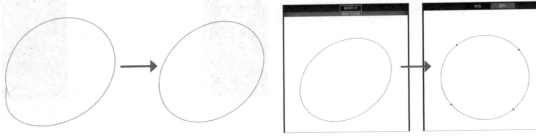

图 4.9   图 4.10

03 按照参考图中的鹦鹉形状绘制出抽象的造型，将目前的图层重命名为"线稿"，如图 4.11 所示。

图 4.11

4.1.3　绘制颜色

01 在 Procreate 中可以自定义色板。在调色板中单击⊞按钮，选择"从'照片'新建"选项，从一幅照片中创建一个色板，如图 4.12 所示。

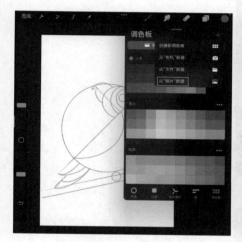

图 4.12

02 在 Procreate 中新建一个图层，将其拖动到"线稿"图层的下方，准备上色，如图 4.13 所示。

03 用 ■ 色（R=82 G=86 B=226）、■ 色（R=249 G=143 B=69）、■ 色（R=250 G=235 B=127）和 ■ 色（R=33 G=59 B=74）给鹦鹉身体的不同部位上色，并分成不同的图层，如图 4.14 所示。

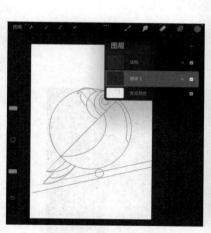

图 4.13　　　　　　　　　　　　　　　　　图 4.14

04 将背景色平涂成 ■ 色（R=7 G=24 B=59），如图 4.15 所示。

图 4.15

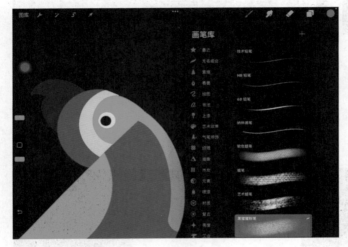

图 4.16

4.1.4 绘制肌理

01 给每个图层喷涂肌理效果，选择"黑猩猩粉笔"笔刷，如图 4.16 所示。

02 先给头部图层喷涂，在头部图层的上方新建一个图层，单击该图层，在弹出的菜单中选择"剪辑蒙版"选项，如图 4.17 所示，选择各自区域的同类色进行喷涂。喷涂完成后的效果如图 4.18 所示。

图 4.17

4.1.5　绘制背景植物

01 新建一个图层，使用勾线笔刷绘制植物的轮廓并
用█色（R=16 G=128 B=162）填色。复制该图层，并将
其水平翻转，如图 4.19 所示。

02 用█色（R=0 G=99 B=143）对新复制的图层进
行重新填色，产生明暗效果。用相同的方法绘制其他区
域的植物，如图 4.20 所示。

图 4.18

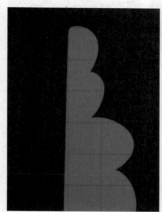

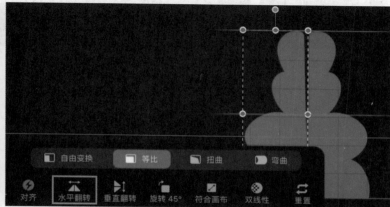

图 4.19

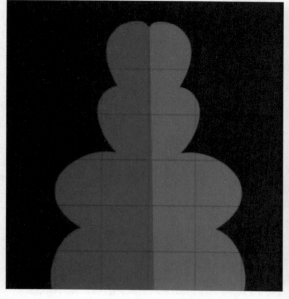

图 4.20

03 继续添加新图层并绘制背景植物的元素，用■色（R=40 G=52 B=90）上色，完成后的背景效果如图 4.21 所示。

04 用刚才喷涂的方法完成肌理效果。在需要喷涂的图层的上面新建图层，并将其定义为"剪辑蒙版"，然后使用"黑猩猩粉笔"笔刷进行喷涂，如图 4.22 所示。最终完成的扁平化风格的插图效果如图 4.23 所示。

图 4.21　　　　　　　　　　　　　图 4.22　　　　　　　　　　　　　图 4.23

4.2　彩色甲壳虫

本例绘制一个昆虫的插画，如图 4.24 所示，涉及的 Procreate 知识有文档设置、参考图设置、绘图指引功能的对称功能。对于肌理的表现，大家可以在绘制时用笔刷画肌理，也可以最后叠加肌理，看个人选择。本例直接用 Procreate 自带的细线笔刷，刻意用一种涂不匀的感觉来做肌理感。

图 4.24

4.2.1　绘制昆虫的轮廓

在绘画之前参考了法国插画师席勒的作品，他的作品以色彩明亮和线条准确为特点，给人留下深刻的印象，如图 4.25 所示。

图 4.25

01 在 Procreate 中单击 "+" 图标，然后单击 按钮，打开"自定义画布"页面，设置画布尺寸为 3000×3000px，如图 4.26 所示。单击 按钮，这样就创建了一个空白画布，如图 4.27 所示。

图 4.26

图 4.27

02 单击工具栏中的 "操作" 按钮打开 "操作" 面板，将 "绘图指引" 开关打开，此时背景出现了网格参考线，如图 4.28 所示。

03 打开对称绘图模式，如图 4.29 所示。

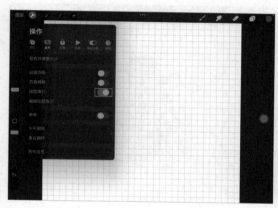

图 4.28

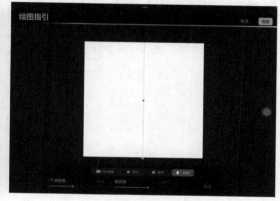

图 4.29

04 插入参考图。单击 按钮打开 "操作" 面板，选择 "添加" 页面下的 "插入照片" 选项，如图 4.30 所示，插入本例素材 "昆虫参考图.png"，如图 4.31 所示。

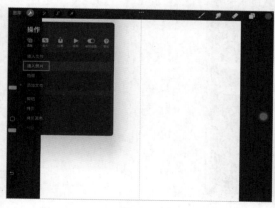

图 4.30

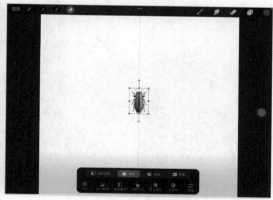

图 4.31

69

图 4.32

05 拖动昆虫参考图的四边，将其放大。将昆虫图层的不透明度设置为48%，下面以昆虫图片为参考绘制图形，如图4.32所示。

06 新建一个图层，命名为"形状"，如图4.33所示。在绘画前选择图层菜单中的"绘图辅助"选项，则可以创建对称图形，如图4.34所示。

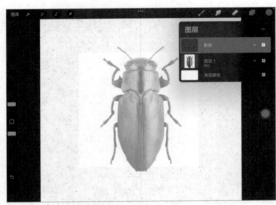

图 4.33

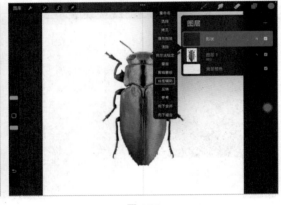

图 4.34

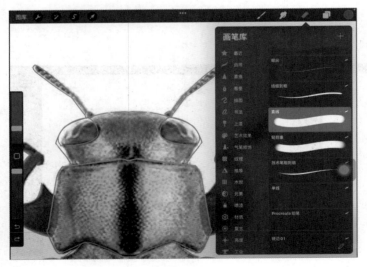

图 4.35

07 使用较细的画笔，用昆虫本身的■色（R=82 G=163 B=142）进行轮廓的绘制，如图4.35所示。

08 在昆虫的轮廓绘制完成后，用■色（R=167 G=148 B=158）、■色（R=128 G=132 B=158）、■色（R=81 G=52 B=90）和■色（R=95 G=74 B=82）进行填色，如图 4.36 所示。

09 使用较细的笔刷对昆虫的纹理进行描绘。先在要绘制的形状上面新建图层，设置该图层为"剪辑蒙版"，如图 4.37 所示，然后用■色（R=51 G=72 B=94）和■色（R=82 G=117 B=93）在该图层上描绘纹理，如图 4.38 所示。

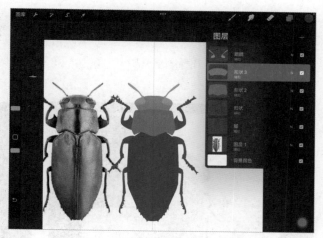

图 4.36

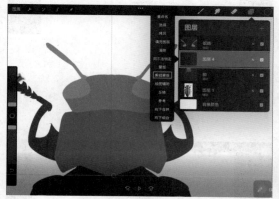

图 4.37

图 4.38

10 在参考图上吸取图片本身的颜色进行描绘，产生了神奇的纹理效果，如图 4.39 所示。在完成身体的绘制以后，进行触角和肢体的绘制，如图 4.40 所示。

图 4.39

图 4.40

4.2.2　绘制昆虫的阴影

01 向左滑动形状图层，选择"复制"选项，将昆虫形状图层进行复制，如图4.41所示。

02 使用■色（R=119 G=116 B=134）平涂复制的昆虫形状，让该图层的形状变为阴影，如图4.42所示。

图4.41

图4.42

03 使用橡皮擦工具擦除昆虫肢体的轮廓，让画面产生纹理，如图4.43所示。

04 使用扭曲工具将阴影稍微放大一些，使之与昆虫主体错位，产生投影偏移效果，如图4.44所示。

图4.43

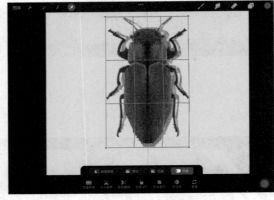
图4.44

4.2.3　绘制周围元素

01 用分屏的方式打开一些树叶的参考图，如图4.45所示，用■色（R=65 G=181 B=186）对画面进行绘制，如图4.46所示。

02 用细线绘制叶片内部的纹理，让画面元素更加丰富，如图4.47所示。

图 4.45

图 4.46

图 4.47

03 使用渐变映射特效。单击"调整"面板中的"渐变映射"选项，如图 4.48 所示，给纹理条纹设置渐变映射效果，如图 4.49 所示。

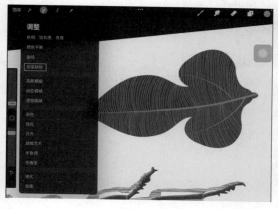

图 4.48

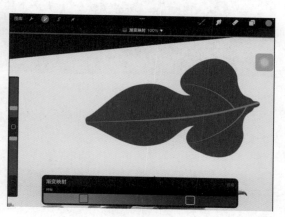

图 4.49

04 用同样的方法绘制其他元素，最终图片效果如图4.50所示。

图 4.50

4.3 咖啡的遐想

本例创作一幅与咖啡和科幻相关的插图。在绘制插图之前需要选择参考案例，以确定插图的风格。本例的效果如图4.51所示。

图 4.51

纯平涂就是单纯的平涂，或者加入一些颜色渐变做层次感，这种画法比较简单，主要通过非常有特点的颜色、夸张的人物动作、服饰的细节，并用整体的点、线、面对比来丰富画面，抓住人的眼球。在本例中使用了鲜艳的颜色和夸张的人物动作来吸引观众的注意力，同时加入了一些细节，例如咖啡杯和机器人的细节，以使画面更加生动。

总的来说，本例中的插图风格是科幻和咖啡的结合，通过纯平涂的画法来表现。这种风格独特、有趣，非常适合用在插画、漫画等领域。

4.3.1　思维导图和风格参考

在开始绘制咖啡主题插图之前，需要先列出一个思维导图，以便发散思维和确定创作方向。在这个思维导图中确定了以下几个要素。

（1）主题：咖啡。

（2）背景：科幻色彩。

（3）主题元素：人物、计算机、动物、食物。

（4）绘画形式：扁平化风格，搭配复古风。

（5）色彩：传统的科技风格。

通过这个思维导图可以更清晰地了解要创作插图的主题和要素，以及它们之间的关系。

本例参考了法国插画师迈特·弗兰基的插画作品，如图 4.52 和图 4.53 所示。他的作品属于扁平化风格，注重装饰纹理和变形，人物形象比较前卫。

图 4.52

图 4.53

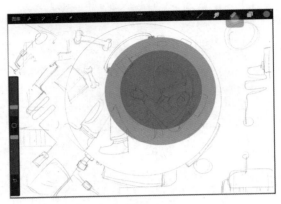

图 4.54

4.3.2　参考图和笔刷

　　本例参考的意向图片是一些从网上搜集的图片，将动物、头盔和太空舱的动态捏合在一起，构思了一幅科幻草图，如图 4.54 和图 4.55 所示。

　　在本例中笔刷采用了纹理笔刷以及 Procreate 自带草图笔刷和勾线笔刷，如图 4.56 所示。

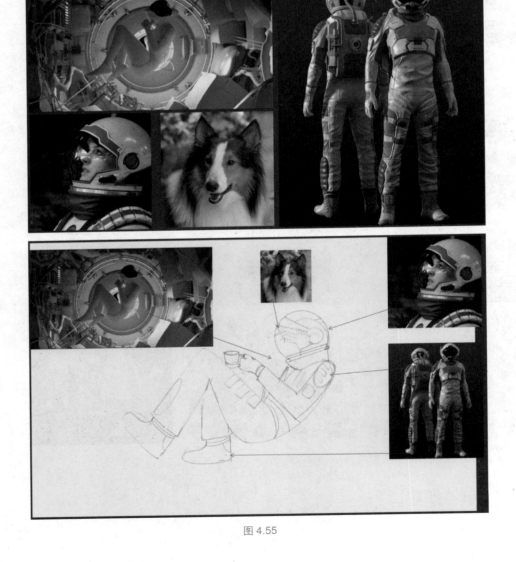

图 4.55

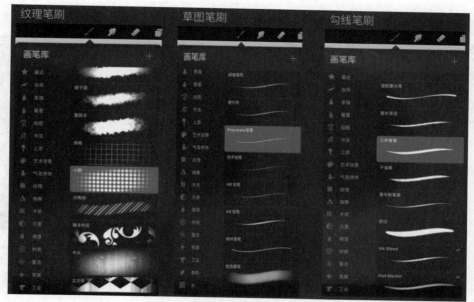

图 4.56

4.3.3　绘制插图

01 新建一个尺寸为 3000×2048px 的画布，分辨率为 300，如图 4.57 所示。

02 根据参考图绘制头盔以及动物的头部，如图 4.58 所示。

图 4.57

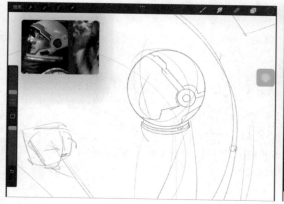 

图 4.58

03 绘制人物的动态和各种元素, 如图 4.59 所示。

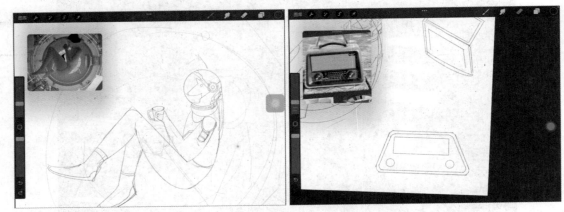

图 4.59

04 在背景元素完成后导入一个自己喜欢的色板开始上色, 在 Procreate 中打开调色板, 从相册中找到目标图片, 将图片拖动到调色板中的空白区域, 系统将根据该图片的颜色调取颜色数据, 自动生成一个调色板, 在生成调色板后就可以用这个调色板来创作了, 如图 4.60 所示。

05 先用自定义的颜色给画面平涂一层基础色, 如图 4.61 所示。

图 4.60

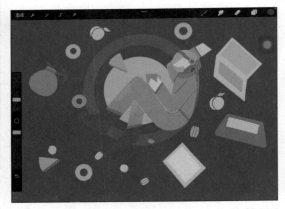

图 4.61

06 给每类颜色分层, 并在图层的上方添加 "剪辑蒙版", 进行纹理的绘制, 如图 4.62 所示。

07 双击纹理笔刷组中的 "玫瑰花结" 笔刷, 如图 4.63 所示, 打开笔刷设置窗口, 设置纹理的密度, 如图 4.64 所示。

08 在画面的背景处绘制纹理, 如图 4.65 所示。

09 选择 "对角线" 笔刷, 丰富背景的纹理, 如图 4.66 所示。

10 选择橡皮擦工具, 然后选择 "轻到重" 笔刷, 在头盔处擦出渐变色, 如图 4.67 所示。

11 有些纹理需要自定义笔刷的形状, 用户可以自制一个可重复的纹理, 将其导入笔刷的 "颗粒来源" 中进行编辑, 如图 4.68 所示。

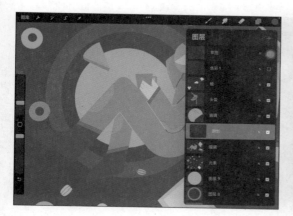 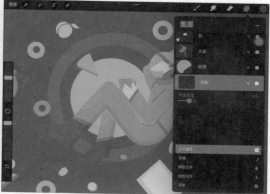

图 4.62

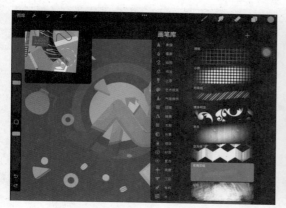

图 4.63

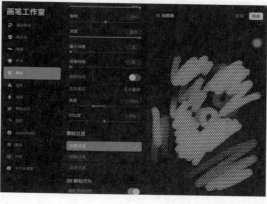

图 4.64

图 4.65

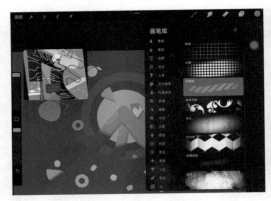

图 4.66

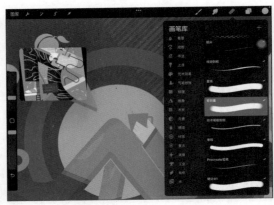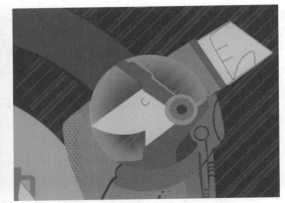

图 4.67

图 4.68

12 完成本例的插画制作，效果如图 4.69 所示。

4.3.4　洋葱皮动画的制作

Procreate 可以将绘制过程保存为动画格式（MP4、GIF 等格式），分享给其他人观看，还可以将图层制作成"洋葱皮动画"。

"洋葱皮"一词来源于一种传统的动画技术，即使用很薄的、半透明的描图纸来观看动画序列。Procreate 可以将多图层画布自动转为洋葱皮序列帧，并提供管理和编辑单帧的工具。

图 4.69

如果要制作动画，首先单击 "操作" 按钮，在"操作"面板中开启"动画协助"开关，此时画布的下方将出现时间轴。时间轴中的帧对应"图层"面板中的图层，即每一帧对应一个图层，时间轴的最左边是背景，最右边是前景，如图 4.70 所示。

时间轴

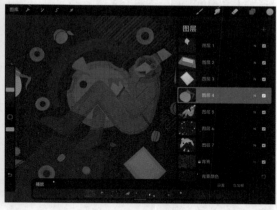

图 4.70

使用时间轴可以进行编辑关键帧动画、回放动画等操作。单击"设置"按钮，打开"设置"面板，在这里可以变更动画中的时间、外观及属性，如图 4.71 所示。

- 循环 / 来回 / 单次：这是 3 种不同的动画播放方式，用于将动画设置为循环、来回循环或单次播放。
- 帧 / 秒：用于改变动画帧的速率。普通动画每秒播放 15 帧，影视级别的动画每秒播放 29 帧。这里设置为 3，则代表每秒播放 3 帧，如果整个动画有 30 帧，则动画的时长为 10 秒钟。

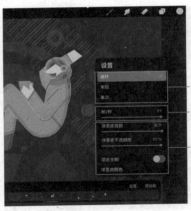

播放方式

动画时长

洋葱皮设置

图 4.71

- 洋葱皮层数：设置洋葱皮帧的显示数量。可以将洋葱皮设置为无，此时只能看到当前帧，洋葱皮最多设置 12 个帧，如图 4.72 所示为透明的洋葱皮效果。
- 洋葱皮不透明度：设置洋葱皮帧的不透明度，如图 4.73 所示为完全不透明的洋葱皮效果。
- 混合主帧：默认当前帧会以不透明的方式显示在所有洋葱皮帧之上，打开"混合主帧"开关可以让当前帧与其他帧融合、透明。

图 4.72

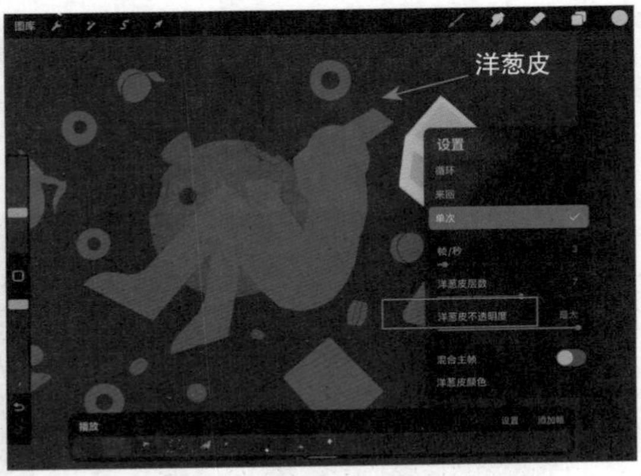

图 4.73

- 洋葱皮颜色：打开"颜色"面板，对洋葱皮的颜色进行设置，如图 4.74 所示。

在时间轴中帧是可以移动顺序的，移动了顺序也就意味着改变了该图层在动画中出现的时间，在时间轴中移动帧的顺序会影响图层中的顺序，它们是同步的，如图 4.75 所示。

图 4.74

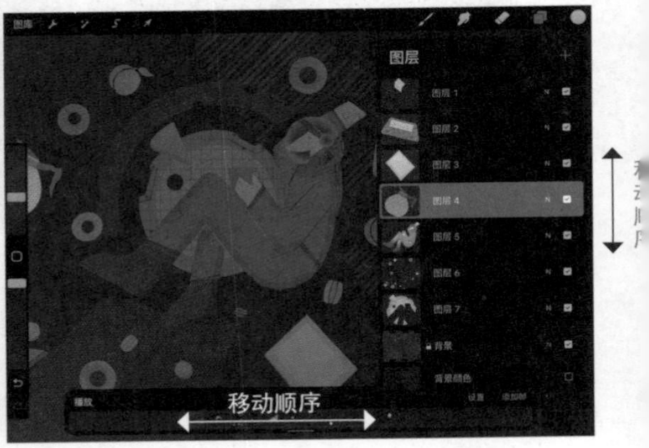

图 4.75

轻点一个帧的缩略图，将会打开它的"帧选项"面板，如图 4.76 所示。在这里可以设置该帧在时间轴中的保持时长，或者对该帧进行复制和删除等操作。"保持时长"用于设置该帧在时间轴

中停留的时长，在时间轴中会以
一串变灰的帧来显示保持时长，
例如设置该值为 4，将会在时间
轴上看到 4 个变灰的帧。

　　前景和背景是静止不动的，
它们将出现在动画中的每一帧。
前景相当于时间轴最右边的一
帧，它始终在动画的前面，成为
不变的前景元素，轻点该帧的缩
略图，激活"前景"选项即可，
如图 4.77 所示。背景相当于时间
轴最左边的一帧，轻点该帧的缩
略图，激活"背景"选项即可，
如图 4.78 所示。

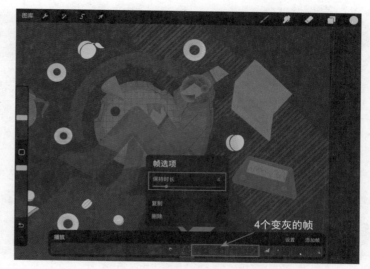

图 4.76

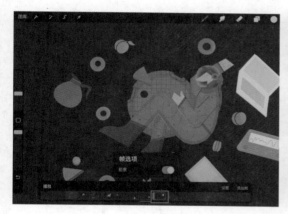

图 4.77

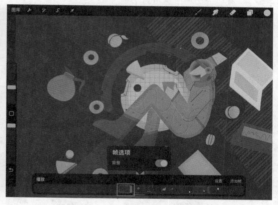

图 4.78

　　完成动画后单击 🔧 "操作"按钮，在"分享"页面中选择输出格式，例如 MP4、GIF 等，如图
4.79 所示。

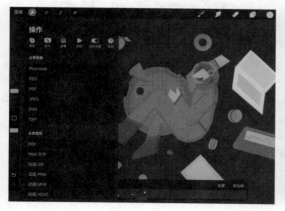

图 4.79

第5章
水彩和马克笔风格绘画

本章练习水彩和马克笔风格绘画，通过照片临摹几幅插图。临摹场景照片需要对照片的透视特点和内容进行草图分析，需要有耐心、细心。线条是手绘中最基本的构成元素，绘制线条的熟练程度决定了整张图的效果，但大家也不能把线条看得太重要。

5.1 马克笔传统民居写生

传统民居写生一般都会伴随着原生态的景观，场景比较原始、自然，场景中具有浓厚的乡土气息和历史痕迹，在绘画时要注意把握景观的随机效果，不可显露出人造景物的布景效果。

5.1.1 民居线稿绘制

照片分析：此照片展现了四川传统民居建筑的美丽。在画面中可以看到形态优美的传统民居建筑、水车和水面的景象，以及周围植物的点缀，如图 5.1 所示。

草图分析：在观察和分析照片后，可以快速地用墨线笔将所理解的场景勾绘出来。草图着重表达场景的构图、透视以及空间的表现，不必在意细节的描绘，如图 5.2 所示。

图 5.1

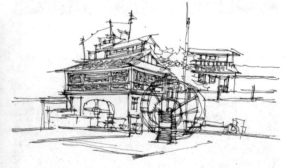

图 5.2

01 根据照片临摹线稿。在 iPad 中打开 Procreate 软件，进入图库，单击"+"图标，在画布预设中有很多预先设置好的尺寸可选，这里单击 ▦ "自定义画布"按钮，设置画布尺寸，设置完成后单击 ▭ 按钮确认，如图 5.3 所示。

02 单击 ✎ 按钮打开"操作"面板，选择 ⊞ "添加"页面下的"插入照片"选项，如图 5.4 所示。

图 5.3

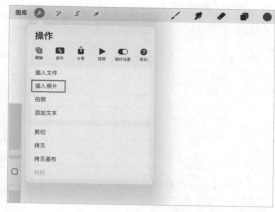

图 5.4

03 导入本例的参考图"民居.jpg",将参考图缩放到适合画布的尺寸,如图 5.5 所示。

04 在"图层"面板中单击图层名称右边的 N 按钮,打开图层混合选项,降低不透明度,让照片变成半透明状态,以作为绘制线稿的参照,如图 5.6 所示。

图 5.5

图 5.6

05 单击工具栏中的 ✏ "画笔"按钮,在打开的"画笔库"中选择"Procreate 铅笔"笔刷,这是系统自带的笔刷,将不透明度降低一些,模拟铅笔参照照片进行线稿的绘制,如图 5.7 所示。

06 画出画面的大体轮廓,在草图绘制完成后用铅笔快速地定好建筑在构图上的位置,并把握住场景的大小、透视以及不同场景元素的形态,如图 5.8 所示。

图 5.7

07 刻画细节。用铅笔将大体构图与形态确定后，再对场景中不同元素的传统建筑进行较细致的绘制，目的是对场景透视与建筑形体有准确的把握，以及对建筑构件进行深入表现，如图5.9所示。

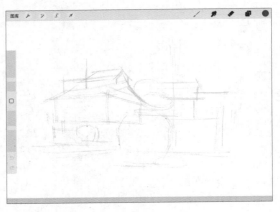 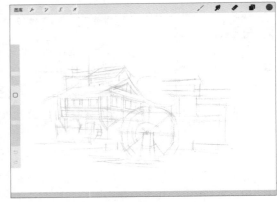

图 5.8   图 5.9

08 用实线勾勒轮廓，新建一个图层用于实线的绘制。在铅笔稿完成之后，场景构图与透视已确定。在画笔库中选择"漫画线稿"笔刷，将笔刷调成不透明（实线），调整好笔头的粗细，将场景中的道路与古建筑底部的轮廓描绘出来，如图5.10所示。

09 绘制建筑细节。进一步对场景中主体的古建筑民居以及前面的水车进行描绘，并将建筑细节一起绘制，例如屋顶、屋身、窗户、石块等，这样能充分体现出传统民居所具有的特点，如图5.11所示。

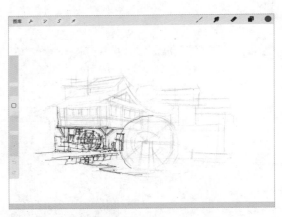 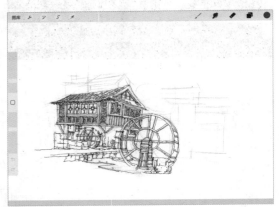

图 5.10   图 5.11

10 整体调整，将右侧远处的古建筑描绘出来，但远景建筑的刻画深度不要超过中景与近景，这样能保证前后与主次关系。再将场景中的植物配景与近景水面绘制完成，从而保证画面的深入性与完整性，如图5.12所示。

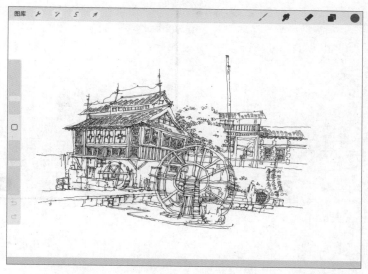

图 5.12

5.1.2　民居马克笔风格上色

　　下面用马克笔风格给线稿上色。首先需要选择适合的颜色。马克笔通常使用鲜艳的颜色，例如红色、黄色、蓝色、绿色等，用户可以根据线稿的主题和氛围来选择适合的颜色。

　　接下来使用马克笔填充线稿的区域。由于马克笔的颜色比较鲜艳，所以需要注意填充的均匀度和颜色的深浅，可以使用不同的角度和压力来调整。

　　最后使用马克笔勾勒线稿的轮廓和细节，这样可以使线稿更加鲜明、生动，增加立体感和层次感。

　　01 新建一个图层，并将其拖动到"线稿"图层的下方。将"马克笔 OK"笔刷导入画笔库中，然后选择该笔刷，在界面左侧调整笔刷的尺寸和不透明度，如图 5.13 所示。

　　02 如果用户有非常好的效果图，想用这个效果图的调色板，可以自定义调色板。用手指向上滑动 iPad 的底部，将弹出常用的工具栏，如图 5.14 所示。

　　03 用手指将相册移动到 Procreate 界面的右侧，此时会发现 Procreate 给相册让了一部分空间，松开手指，相册会同时出现在界面中，如图 5.15 所示。

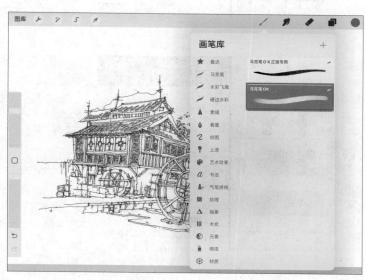

图 5.13

图 5.14

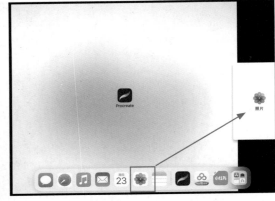

图 5.15

04 在 Procreate 中打开调色板，在相册中找到目标图片，本书提供了一幅效果图"色板图 2.jpg"，如图 5.16 所示。

05 将图片拖动到调色板的空白区域，系统将根据该图片的颜色调取颜色数据，自动生成一个调色板，如图 5.17 所示。

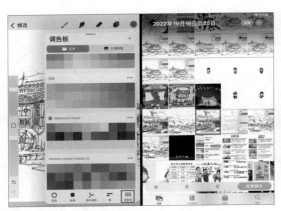

图 5.16

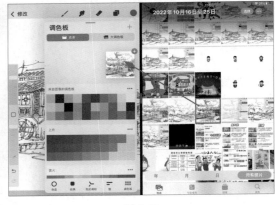

图 5.17

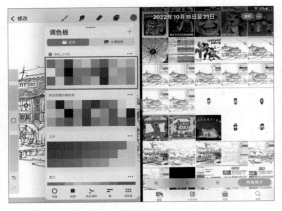

图 5.18

06 在生成调色板后，用户就可以用这个调色板来创作了，还可以给这个调色板命名，非常方便、实用，如图 5.18 所示。

⚠️ 提示

　　用户可以选择"紧凑"或"大调色板"方式来浏览调色板。单击"调色板"面板上方的"紧凑"或"大调色板"按钮即可切换浏览方式。

07 用　　色（R=214 G=229 B=236）和　　色（R=127 G=148 B=149）给地面的石材上色。根据阳光照射在石头表面的明暗关系来铺色，尽量不要使用太艳的颜色，否则就不像马克笔效果了，如图 5.19 所示。

图 5.19

08 用　　色（R=200 G=227 B=185）和　　色（R=129 G=170 B=64）给树木和草地上色，把受光面和暗部的对比度拉开，如图 5.20 所示。

图 5.20

09 用　　色（R=209 G=197 B=185）和　　色（R=90 G=87 B=68）给水车上色，用　　色（R=240 G=230 B=177）、　　色（R=207 G=178 B=120）和　　色（R=123 G=110 B=102）给房屋上色。前景的水车和后面的房屋都是木质材料，使用了不同的黄色和棕色系列，如图 5.21 所示。

图 5.21

图 5.22

用____色（R=226 G=244 B=244）和____色（R=165 G=231 B=243）给天空上色，天空按照植物绕线的笔触进行，颜色不能上得太满，留白部分可表现为白云，如图 5.22 所示。

图 5.23

用____色（R=154 G=211 B=218）和____色（R=103 G=201 B=210）给水面上色，即使用深浅不同的蓝色对水面区域进行上色，靠近岸边的部分颜色要深，并使用 ✦ 涂抹工具进行颜色的融合，如图 5.23 所示。

> (!) 提示
>
> 单击并长按尚未选定笔刷的绘图、涂抹或擦除图标，即可将当前的笔刷套用到该工具上，这在想使用同一笔刷来绘图、涂抹和擦除画作时相当实用。

图 5.24

单击 Procreate 界面左侧的 ▢ 取色按钮，在放大镜内可对画面中的任意位置取色（用手指长按一个区域并拖动，也可以用相同的取色方法取色）。将灯笼、玻璃等小面积的画面细节刻画完整，本例上色完成，如图5.24 所示。

⑬ 制作水面倒影。在"图层"面板中将所有图层合并，单击工具栏中的 **5** 按钮，框选河岸上方的建筑物，如图 5.25 所示。

图 5.25

⑭ 单击"拷贝并粘贴"按钮，将框选的图像复制到新的图层上。单击"垂直翻转"按钮，将图像翻转，并将翻转的图像拖动到水面区域，作为倒影，如图 5.26 所示。

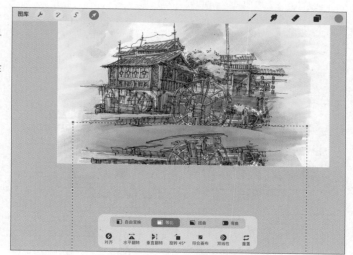

图 5.26

⑮ 打开"图层"面板，将该图层的不透明度降低至 52%，然后使用 **✏** 工具擦除多余的部分，如图 5.27 所示。

图 5.27

图 5.28

16 制作模糊效果。单击工具栏中的 ⚙ 按钮，选择"动态模糊"选项，如图 5.28 所示。

图 5.29

17 在垂直方向滑动画面，产生垂直方向的动态模糊效果，然后使用 ✐ 工具擦除多余的部分，如图 5.29 所示。

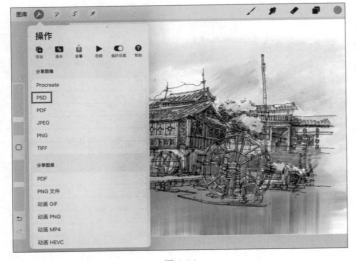

图 5.30

18 在作品完成后单击工具栏中的 🔧 按钮，在 ▦ "分享"页面选择想要输出的文件格式，例如 PSD，如图 5.30 所示。

5.2　水彩风格中式景观写生

中式景观的主要类型有风景建筑、园林水系和亭台楼榭等，常用于公园、绿地与小区内，以园林植物景观为主体，周围配以不同的景观元素来体现空间效果。

5.2.1　中式景观线稿绘制

照片分析：通过照片可以观察到本景观中的主体为亭子，周围配有石块与汀步以及不同的植物，共同组成了中式景观，如图 5.31 所示。

草图分析：在分析完照片后，用墨线笔在纸上快速地勾绘出与照片相对应的草图，着重体现场景的构图、透视以及景观元素的位置与大小，无须绘制得过于细致，如图 5.32 所示。

图 5.31

图 5.32

01 根据照片临摹线稿。在 iPad 中打开 Procreate 软件，进入图库，单击"+"图标，在画布预设中有很多预先设置好的尺寸可选，这里单击 ▬ "自定义画布"按钮，设置画布尺寸，设置完成后单击 创建 按钮确认，如图 5.33 所示。

02 单击 ✦ 按钮打开"操作"面板，选择 ➕ "添加"页面下的"插入照片"选项，如图 5.34 所示。

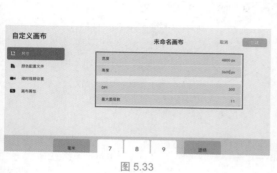

图 5.33

图 5.34

03 导入本例的参考图"中式.jpg"，将参考图缩放到适合画布的尺寸，如图 5.35 所示。

图 5.35

图 5.36

04 在"图层"面板中单击图层名称右边的 N 按钮,打开图层混合选项,降低不透明度,让照片变成半透明状态,以作为绘制线稿的参照,如图 5.36 所示。

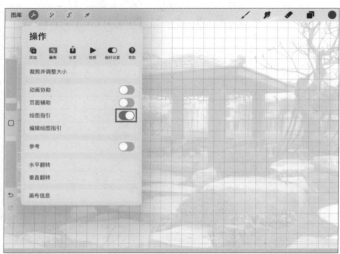

图 5.37

05 设置透视参考线。单击工具栏中的 "操作"按钮,打开"操作"面板,将"绘图指引"开关打开,如图 5.37 所示。

06 单击"编辑绘图指引"选项，打开"绘图指引"页面，激活"透视"按钮，这是一个两点透视构图。在地平线左边区域单击，根据亭子的延伸线放置第一个灭点，然后在地平线右边区域放置第二个灭点，如图 5.38 所示。

图 5.38

07 绘制草图。首先在 Procreate 中单击工具栏中的 ✏️ "画笔"按钮，在打开的"画笔库"中选择"Procreate 铅笔"笔刷，如图 5.39 所示。

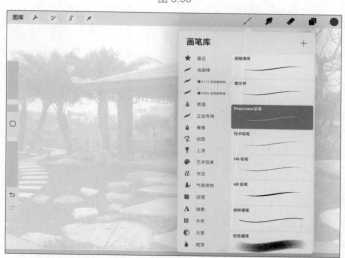

图 5.39

08 用铅笔和尺子等在纸上确定好场景的构图位置，找出透视点，并根据透视绘制出亭子，如图 5.40 所示。

图 5.40

09 对亭子进行深入刻画，并将前景中的石块与汀步的轮廓勾绘出来，注意石块的形态与大小关系，如图 5.41 所示。

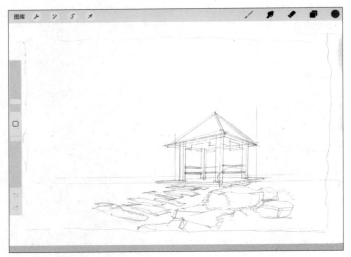

图 5.41

10 将左侧道路绘制出来，并在场景中绘制植物，注意植物的大小与形态，如图 5.42 所示。

图 5.42

11 将远景元素与左侧的收边植物绘制出来，并在场景中合适的位置配上人物，从而丰富场景，如图 5.43 所示。

图 5.43

12 线稿勾勒。在铅笔稿绘制完成后，确认场景构图、空间透视是否正确，然后选择实线笔刷对场景进行绘制。首先对场景中的景观主体"亭子"进行绘制，亭子需要有中式风格的特点，如图 5.44 所示。

图 5.44

13 在亭子绘制完成后，对前景中的路面、石块、汀步和小灌木进行绘制。绘制石块需要注意大小与质感，植物应表现出自然的形态，如图 5.45 所示。

图 5.45

14 对场景中的乔木进行绘制，在绘制时要注意其形态的变化，并将场景中的人物绘制出来，注意人物的大小比例与动态，如图 5.46 所示。

图 5.46

图 5.47

15 将右侧的枯树与远处的建筑、植物绘制出来，注意枯树树干的形态需要表达到位，如图 5.47 所示。

图 5.48

16 刻画前景细节，对前景中的石块与草地进行刻画，如图 5.48 所示。

图 5.49

17 根据光影关系对场景中不同的景观元素进行深入的刻画，这样不仅加强了场景的明暗对比，也加强了场景的空间表现，如图 5.49 所示。

5.2.2　中式景观水彩风格上色

下面对景观线稿上色，本次使用水彩风格进行上色。

01 单击 🔧 按钮打开"操作"面板，选择 ⊞ "添加"页面下的"插入照片"选项，如图 5.50 所示。

图 5.50

02 导入本书提供的水彩纸背景图片"水彩纸 1.jpg"。单击 🔧 按钮，打开变换工具面板，将水彩纸的尺寸缩放到与线稿的尺寸相当，如图 5.51 所示。

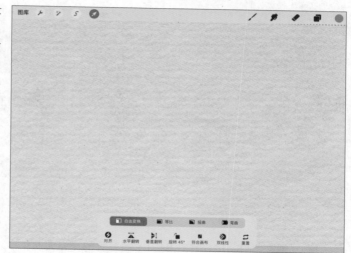

图 5.51

03 将水彩纸图层移动到线稿图层的下方，并将线稿图层的混合模式调整为"正片叠底"，如图 5.52 所示。

图 5.52

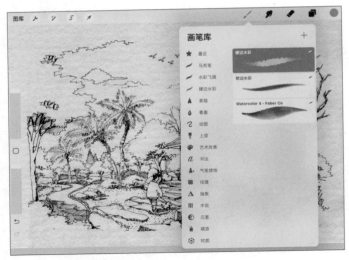

04 选择水彩纸图层，下面将在这个图层上进行上色。选择"硬边水彩"笔刷，在界面左侧调整笔刷的尺寸和不透明度，如图5.53所示。

05 用 ■ 色（R=144 G=203 B=209）绘制大面积的天空，留白部分作为云朵，如图5.54所示。

06 用 ■ 色（R=144 G=216 B=88）给植物的受光面涂色，注意不要涂满，要保持水彩上色的随意感，如图5.55所示。

图 5.53

图 5.54

图 5.55

07 用 ■ 色（R=58 G=151 B=71）给植物的背光面涂色，以产生立体感，如图5.56所示。

08 用 ■ 色（R=182 G=238 B=111）给前景植物上色，由于是近景，明度和饱和度要高一些，如图5.57所示。

图 5.56

图 5.57

09 用██色（R=152 G=187 B=103）给前景植物的背光处上色，以产生体积感，如图 5.58 所示。

10 用██色（R=113 G=62 B=117）给椰子树上色，用██色（R=58 G=70 B=70）给枯树上色，注意受光面的留白，如图 5.59 所示。

图 5.58

图 5.59

11 细化椰子树树干和收边植物树干的体积感，区别开阴影和高光的区域，如图 5.60 所示。

12 用██色（R=188 G=208 B=219）绘制石头的受光面，由于石头较为光滑，可以反射到天空的淡蓝色，如图 5.61 所示。

图 5.60

图 5.61

13 用██色（R=160 G=178 B=190）绘制背景楼层的受光面和石头的背光面，如图 5.62 所示。

图 5.62

14 用█色（R=58 G=70 B=70）加深背景楼层和石头的背光面，让其产生体积感，如图 5.63 所示。

15 用█色（R=217 G=79 B=141）给前景花树的区域添加晕染，在晕染时可以叠加色调，以产生不规则的颜色，如图 5.64 所示。

图 5.63

图 5.64

16 用█色（R=62 G=150 B=74）加深植物的阴影，让植物阴影的颜色更重一些，如图 5.65 所示。

17 用█色（R=194 G=195 B=79）给地面上色，如图 5.66 所示。

图 5.65

图 5.66

图 5.67

18 给亭子和人物上色，绘制出亭子的受光面和背光面的颜色，如图 5.67 所示。

19 刻画细节，给远处的楼宇、树干和前景的石头绘制高光，让整个画面产生层次感。至此本例绘制完毕，效果如图 5.68 所示。

图 5.68

5.3　水彩风格日式景观写生

日式景观讲究原生态，通常从细节着手，使庭院中的各个景观相互协调、相互衬托，共同营造一个主题和谐、自然的庭院环境。

5.3.1　日式景观线稿绘制

照片分析：本张照片为日式庭院景观，场景为一点透视，场景中包含了廊架、水面、景观墙、植物等，场景的重心为廊架，因此在绘制时要注意主次关系，如图 5.69 所示。

草图分析：根据对照片的观察和分析，用墨线笔快速地勾画出草图，草图应注重构图、空间透视的把握，以及景观元素的定位，如图 5.70 所示。

图 5.69

图 5.70

01 根据照片临摹线稿。在 iPad 中打开 Procreate 软件，进入图库，单击"+"图标，在画布预设中有很多预先设置好的尺寸可选，这里单击▇▇"自定义画布"按钮，设置画布尺寸，设置完成后单击▇▇按钮确认，如图 5.71 所示。

02 单击 🔧 按钮打开"操作"面板，选择 ➕ "添加"页面下的"插入照片"选项，如图 5.72 所示。

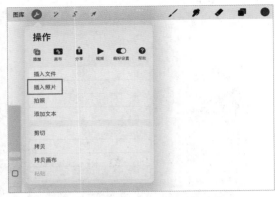

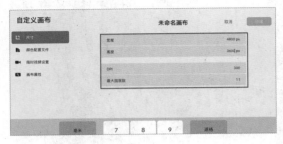

图 5.71

图 5.72

图 5.73

03 导入本例的参考图"日式.jpg"，将参考图缩放到适合画布的尺寸，如图 5.73 所示。

┌─────────────────────────┐
⚠ 提示

　　日式景观常见于寺院，寺院内的建筑通常为传统风格，以清新、朴实为主，加上植物的点缀（植物多以罗汉松、菩提树、含香、毛竹、银杏等为主），共同烘托出寺院独有的景观特点。
└─────────────────────────┘

04 在"图层"面板中单击图层名称右边的 N 按钮，打开图层混合选项，降低不透明度，让照片变成半透明状态，以作为绘制线稿的参照，如图 5.74 所示。

图 5.74

05 绘制草图。首先在 Procreate 中单击工具栏中的 ∕ "画笔"按钮，在打开的"画笔库"中选择"Procreate 铅笔"笔刷，如图 5.75 所示。

图 5.75

06 在纸面约 1/3 的地方确定地面线，然后确定视平线，注意视平线应高于地面线。然后确定灭点，勾绘出场景中的建筑与水面，如图 5.76 所示。

图 5.76

07 在构图、透视与建筑的位置确定后，在水面四周勾画出大量大小不同、形态各异的石块，切记石块不要绘制得过于圆润，否则会失去石块的质感，如图 5.77 所示。

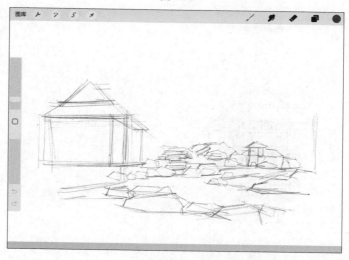

图 5.77

图 5.78

08 对右侧植物进行绘制，注意植物的前后以及大小和形态的变化，使植物的层次更加丰富，如图 5.78 所示。

图 5.79

09 在植物添加完后，将建筑的门窗与前景的石质景观灯绘制出来，如图 5.79 所示。

图 5.80

10 线稿的描绘。首先将场景中的传统建筑描绘出来，并注意将建筑的特点和细节表达出来，如图 5.80 所示。

11 在建筑绘制完成后，将场景中的石块、石灯和人物分别勾绘出来，石块的线条要软硬结合，如图 5.81 所示。

图 5.81

12 用墨线笔将植物绘制出来，将前景、中景和远景植物都绘制完成，如图 5.82 所示。

图 5.82

13 用实线将轮廓描绘完成后，还需按照场景的光影关系进行整体调整，如图 5.83 所示。

图 5.83

图 5.84

14 对场景中不同的景观元素进行深入的绘制，增加场景的对比度，加强场景的前后关系，增加场景的空间感，如图 5.84 所示。

5.3.2 日式景观水彩风格上色

下面对景观线稿上色，依然使用水彩风格进行上色。

01 单击 ✐ 按钮打开"操作"面板，选择 ⊞ "添加"页面下的"插入照片"选项，如图 5.85 所示。

图 5.85

02 导入本书提供的水彩纸背景图片"水彩纸 2.jpg"文件。单击 ✐ 按钮，打开变换工具面板，将水彩纸的尺寸缩放到与线稿的尺寸相当，如图 5.86 所示。

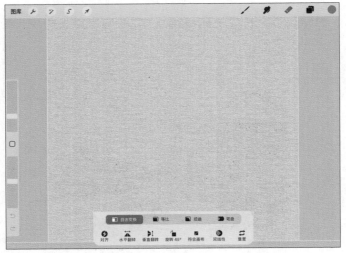

图 5.86

03 将水彩纸图层移动到线稿图层的下方，并将线稿图层的混合模式调整为"正片叠底"。选择水彩纸图层，下面将在这个图层上进行上色。选择"硬边水彩"笔刷，在界面左侧调整笔刷的尺寸和不透明度，如图5.87 所示。

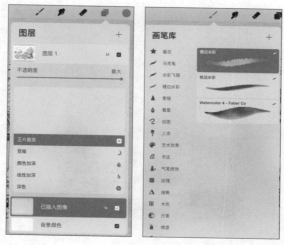

图 5.87

04 用 ■ 色（R=236 G=159 B=117）绘制大面积的天空底色，如图5.88 所示。

图 5.88

05 用 ■ 色（R=236 G=98 B=147）进行混色，与大面积的天空底色进行融合，产生黄昏时天空的彩霞效果，如图 5.89 所示。

图 5.89

图 5.90

06 用■色（R=97 G=192 B=88）绘制大面积的树冠底色，如图 5.90 所示。

图 5.91

07 用■色（R=60 G=153 B=72）叠加出树冠的阴影过渡色，如图 5.91 所示。

图 5.92

08 用■色（R=32 G=105 B=52）绘制出树冠最下方的背光面，如图 5.92 所示。

09 为了真实地模拟水彩墨点效果，导入"水彩飞溅"画笔库，选中一种飞溅笔刷，并调整笔刷的尺寸和不透明度，如图 5.93 所示。

图 5.93

10 用 ▮ 色（R=192 G=226 B=116）和 ▮ 色（R=115 G=136 B=95）进行水彩飞溅的涂抹，产生随机涂抹效果，如图 5.94 所示。

图 5.94

11 用 ▮ 色（R=135 G=102 B=97）对树干区域进行平涂，如图 5.95 所示。

图 5.95

图 5.96

图 5.97

图 5.98

⓬ 更换笔刷为"马克笔OK"，将笔刷的尺寸调小一些，如图 5.96 所示。

⓭ 用 ■ 色（R=57 G=68 B=36）叠加出树干的阴影过渡色。在上色时尽量随意一些，笔触不要太工整，如图 5.97 所示。

⓮ 选择"硬边水彩"笔刷，用 ■ 色（R=137 G=113 B=223）绘制出水面的底色。水面的底色本来是蓝色，在彩霞的影响下产生了紫色色调，如图 5.98 所示。

15 用███色（R=200 G=91 B= 210）绘制出水面的彩霞色调，水面 的彩霞色调要比天空更深一些，如图 5.99 所示。

图 5.99

16 用███色（R=232 G=1 B= 117）对天空进行涂抹，产生"水天 一色"的效果，并使用"水彩飞溅" 画笔库中的笔刷绘制出一些墨点，如 图 5.100 所示。

图 5.100

17 用███色（R=136 G=113 B= 221）对远景的灌木丛进行平涂，如 图 5.101 所示。

图 5.101

图 5.102

图 5.103

图 5.104

18 用██色（R=253 G=248 B=0）和██色（R=206 G=163 B=31）对远景的天空进行过渡色晕染叠加，产生远景日落的效果，如图 5.102 所示。

19 用██色（R=74 G=112 B=247）对石头的受光面区域进行平涂，注意降低颜色的不透明度，石头在傍晚会出现与天空互为补色的效果，这样绘制的目的是产生对比效果，让画面更美观，如图 5.103 所示。

20 用██色（R=0 G=59 B=93）绘制出石头的背光面和投影处的深色调，注意水彩效果的笔触涂抹不要太工整，要随意一些，如图 5.104 所示。

21 用 ██ 色（R=182 G=134 B=96）和 ██ 色（R=150 G=92 B=140）给亭子上色，注意亭子顶部的环境色，如图 5.105 所示。

图 5.105

22 用 ██ 色（R=231 G=76 B=19）和 ██ 色（R=253 G=248 B=0）绘制出亭子和路灯内部的发光效果，如图 5.106 所示。

图 5.106

23 用 ██ 色（R=136 G=113 B=221）和 ██ 色（R=253 G=248 B=0）绘制水面的倒影，注意水面要有晚霞、灯火、植物和石头的色调，如图 5.107 所示。

图 5.107

24 整体调色。单击 🖌 按钮，打开"调整"面板，选择"曲线"选项，在弹出的曲线调整框中调整曲线，让画面的对比度更加强烈，如图5.108 所示。

图 5.108

25 细节调整。新建一个图层位于所有图层的最上方，用白色点缀水面和石头上的高光。至此本例制作完成，最终效果如图 5.109 所示。

图 5.109

▶▶ 第 **6** 章
彩铅风格插画设计

　　彩铅风格插画设计是一种手绘风格的插画设计，通常使用彩色铅笔进行绘制。这种风格的插画设计具有鲜明的色彩和柔和的线条，常呈现出温馨、可爱、梦幻等感觉。彩铅风格插画设计通常用于绘制儿童书籍、广告、海报、贺卡等，因为它能够很好地表达出童趣和温馨感。在绘制过程中，设计师需要掌握彩铅笔刷的色彩搭配和渐变技巧，以及线条的粗细和柔软度，以达到最佳的效果。彩铅风格插画设计是一种非常有创意和艺术性的设计形式，能够为设计作品增添独特的魅力和个性。

6.1 　 櫻花火车站

　　这张彩铅风格的插画非常生动地展现了火车站周围的樱花景色，如图 6.1 所示。樱花树的粉色花瓣在阳光下显得格外娇艳，远处的山峦和云彩增添了画面的层次感。火车站的建筑物和铁路线条都被绘制得非常细致，而人物的描绘非常简洁，突出了樱花景色的主题。整个画面的色彩非常柔和，给人一种温馨、舒适的感觉，非常适合用来作为旅游宣传、明信片等。

樱花在画面的最前面，要仔细地刻画出花瓣颜色的层次感

下面的田地主要用颜色的块面去表现，这样更容易让初学者上手

最后要仔细刻画火车和车道，注意透视关系

图 6.1

6.1.1 导入临摹照片

01 在 iPad 中打开 Procreate 软件，进入图库，单击"+"图标，在画布预设中有很多预先设置好的尺寸可选，这里单击 ▭ "自定义画布"按钮，设置画布尺寸，设置完成后单击 按钮确认，如图 6.2 所示。

02 单击 🔧 按钮打开"操作"面板，选择 ⊞ "添加"页面下的"插入照片"选项，如图 6.3 所示。

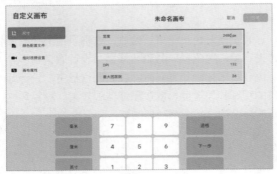

图 6.2

图 6.3

03 导入本例的参考图"樱花火车站.jpg"，将参考图缩放到适合画布的尺寸，如图 6.4 所示。

图 6.4

04 在"图层"面板中单击图层名称右边的 N 按钮，打开图层混合选项，降低不透明度，让照片变成半透明状态，以作为绘制线稿的参照，如图 6.5 所示。

图 6.5

<0.5> 单击工具栏中的 ✐ "画笔"
按钮，在打开的"画笔库"中选择
"Procreate 铅笔"笔刷，这是系统自
带的笔刷，将不透明度降低一些，
模拟铅笔参照照片进行线稿的绘
制，如图 6.6 所示。

图 6.6

6.1.2 火车站线稿绘制

下面绘制场景线稿。先勾画出景物的外形轮廓，然后绘制后面的背景，在外形轮廓上细致地描绘出植物和火车的结构，接着仔细地勾画旁边的景物。

<0.1> 在临摹照片上新建一个空白图层，先用简单的线条确定出画面景物的位置关系，如图 6.7 所示。

<0.2> 勾画出画面大的局部关系，如图 6.8 所示。

图 6.7

图 6.8

<0.3> 调整线条的长短，仔细地勾勒树木、火车、麦田和车轨等细节，如图 6.9 所示。

<0.4> 用粗一点的线条加重暗面部分的线条，这样表现的线稿更有立体感，如图 6.10 所示。

图 6.9

图 6.10

6.1.3 火车站上色

下面用彩铅笔刷进行上色，在画树木时要以枝干为主线，叶片要看作一团一团的体积，在大块面光影正确表现的前提下描绘细节。

01 用■色（R=241 G=0 B=65）和■色（R=69 G=0 B=0）以间隔的方式排线，刻画花朵的暗面，如图 6.11 所示。

02 用■色（R=72 G=127 B=44）和■色（R=69 G=0 B=0）从麦田和火车的暗面开始排线上色，如图 6.12 所示。

图 6.11

图 6.12

03 用■色（R=241 G=0 B=65）和■色（R=186 G=79 B=139）慢慢叠加花朵的颜色，注意线条之间的间隔要均匀，如图 6.13 所示。

04 用■色（R=69 G=0 B=0）和■色（R=141 G=54 B=0）以横排线的方式塑造出铁路的环境细节，注意火车左侧墙面的颜色要以交叉叠加的方式加重，如图 6.14 所示。

图 6.13

图 6.14

05 用■色（R=187 G=46 B=125）仔细刻画樱花树上的花朵，用■色（R=178 G=191 B=101）和■色（R=158 G=203 B=41）刻画麦田的颜色，然后刻画火车和车轨的细节，如图 6.15 所示。

06 在刻画火车时重点要塑造车头的细节，注意颜色的深浅变化也是要塑造的重点之一，如图 6.16 所示。

图 6.15

图 6.16

07 用█色（R=164 G=78 B=79）和█色（R=241 G=46 B=75）给花朵添加颜色关系，让樱花树的颜色更加丰富，然后用█色（R=248 G=198 B=98）刻画右边麦田的细节，如图 6.17 所示。

08 由于樱花亮面的颜色还不够完整，用█色（R=241 G=99 B=100）仔细刻画亮面的每一处颜色，注意每一处的形状都不相同，如图 6.18 所示。

图 6.17

图 6.18

09 现在麦田的颜色刻画得差不多了，用█色（R=49 G=68 B=38）和█色（R=175 G=176 B=118）勾画出麦田边缘线的虚实变化，注意线条的粗细变化要表现到位，如图 6.19 所示。

10 对于远处麦田和樱花树相接的地方，一定要处理得虚一点，握笔的力度弱一点，这样能更好地表现出画面的空间感，如图 6.20 所示。

图 6.19

图 6.20

11 先远观画面效果，对于画面的不足之处——进行修改，由于车轨暗面的颜色不够重，用■■色（R=49 G=68 B=38）和■■色（R=69 G=0 B=0）继续加重局部颜色，然后对车头的颜色进行调整，注意不要忘记调整樱花树的颜色，如图 6.21 所示。

图 6.21

6.2　街边的美景

　　这是一个美丽的小镇，如图 6.22 所示，这里的人们善良、朴素，他们特别喜欢种植花草来美化自己的房子，看着这条被绿色植物装点的街道，大家一定会不由地对这个美丽的小镇充满向往，下面就一起来画这个美丽的小镇吧！

门牌号和近处的门窗要准
确地塑造出它们的外形和
细节变化

仔细刻画街道的透视关
系，以产生纵深感

近处的灌木和盆景都要
仔细刻画，要把颜色的
变化刻画到位，大的形
体要塑造准确

图 6.22

6.2.1 导入临摹照片

01 在 iPad 中打开 Procreate 软件，进入图库，单击"+"图标，在画布预设中有很多预先设置好的尺寸可选，这里单击 ▬ "自定义画布"按钮，设置画布尺寸，设置完成后单击 ▬ 按钮确认，如图 6.23 所示。

02 单击 ✎ 按钮打开"操作"面板，选择 ➕ "添加"页面下的"插入照片"选项，如图 6.24 所示。

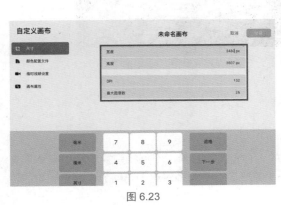

图 6.23

图 6.24

03 导入本例的参考图"街边的美景.jpg"，将参考图缩放到适合画布的尺寸，如图 6.25 所示。

图 6.25

04 在"图层"面板中单击图层名称右边的 N 按钮，打开图层混合选项，降低不透明度，让照片变成半透明状态，以作为绘制线稿的参照，如图 6.26 所示。

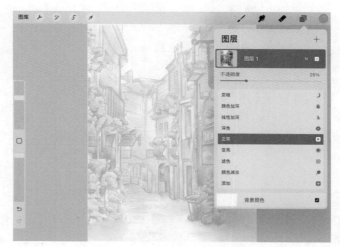

图 6.26

05 单击工具栏中的 ✎ "画笔"按钮，在打开的"画笔库"中选择"Procreate 铅笔"笔刷，如图 6.27 所示。

图 6.27

6.2.2 街景线稿绘制

下面绘制场景线稿。先用直线确定出透视的位置，再勾画出大概的外形轮廓，然后仔细地勾画出街道和植物的细节，用轻重变化的线条强调出外形的重点部分。

01 用流畅的直线确定出街道近大远小的透视关系，如图 6.28 所示。

02 勾勒出两排房子的门窗、阳台、花盆和植物，如图 6.29 所示。

图 6.28

图 6.29

03 从前向后有主次地勾画出各种植物的叶子和枝干，如图 6.30 所示。

图 6.30

6.2.3　街景上色

下面用彩铅笔刷进行上色，在上色时要注意近处的阳台和窗户，要先准确地刻画出外形，然后一层一层往上叠加线条，直到达到需要的颜色深度。

01 用叶绿色给所有的植物淡淡地上一层颜色，然后用██色（R=69 G=0 B=0）给花盆和墙面上色，如图 6.31 所示。

02 用██色（R=95 G=134 B=53）给绿色植物叠加颜色，然后刻画房顶和阳台的颜色，如图 6.32 所示。

图 6.31

图 6.32

03 加重前面的灌木和盆栽的颜色，然后继续给门窗、阳台和地面上色，如图 6.33 所示。

04 刻画房子的颜色，注意线条要顺着一个方向排，以便于画出整齐的画面。然后用██色（R=70 G=111 B=15）加重所有植物的暗面，如图 6.34 所示。

图 6.33

图 6.34

05 整体加重暗面的颜色，从暗面到亮面的颜色过渡要自然，注意近处灌木叶片的颜色层次要丰富，如图 6.35 所示。

06 用▇色（R=69 G=0 B=0）加重门牌的颜色，然后用▇色（R=160 G=88 B=58）给远处没有上色的墙面上色，如图 6.36 所示。

图 6.35

图 6.36

07 整体加重房子的颜色，注意线条始终要排列整齐。从近处到远处，房子细节的主次关系要把握好，这样更容易表现出重点，如图 6.37 所示。

08 用▇色（R=160 G=88 B=58）和▇色（R=69 G=0 B=0）给墙面整体叠加一层颜色，然后调整植物的颜色。在画门牌上的文字时用留白的方式表现，并刻画出门牌颜色的深浅变化，如图 6.38 所示。

图 6.37

图 6.38

6.3 春天的公园

冬天过去了，整个公园好像被唤醒了，生机勃勃，非常美丽，如图 6.39 所示。

画樱花树不能一朵花、
一朵花地表现，要用色
块整体表现

远处的建筑要忽略细
节，只刻画出大概的
形状即可

长椅、樱花树和前面的灌木都是
要重点刻画的景物，要用较小的
画笔尺寸仔细地刻画出它们的
细节和颜色的层次感

图 6.39

6.3.1 导入临摹照片

01 在 iPad 中打开 Procreate 软件，进入图库，单击"+"图标，在画布预设中有很多预先设置好的尺寸可选，这里单击 ▭"自定义画布"按钮，设置画布尺寸，设置完成后单击 ▭ 按钮确认，如图 6.40 所示。

02 单击 🔧 按钮打开"操作"面板，选择 ▭"添加"页面下的"插入照片"选项，如图 6.41 所示。

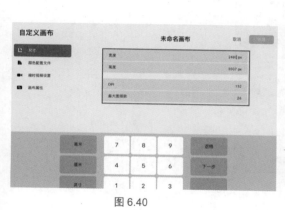

图 6.40

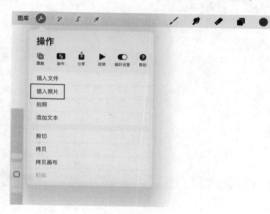

图 6.41

图 6.42

图 6.43

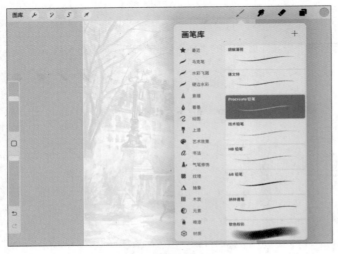

图 6.44

03 导入本例的参考图"春天的公园.jpg",将参考图缩放到适合画布的尺寸,如图 6.42 所示。

04 在"图层"面板中单击图层名称右边的 N 按钮,打开图层混合选项,降低不透明度,让照片变成半透明状态,以作为绘制线稿的参照,如图 6.43 所示。

05 单击工具栏中的 ✐ "画笔"按钮,在打开的"画笔库"中选择"Procreate 铅笔"笔刷,如图 6.44 所示。

6.3.2　公园线稿绘制

下面绘制场景线稿。先用长直线勾画出大概造型，然后添加细节，注意对象的特点要把握准确。

01 确定出画面景物的位置和大小关系，勾勒出简单的构图，如图 6.45 所示。

02 用有弧度的线条慢慢勾画长椅、灌木、樱花树和远处建筑的外形轮廓，如图 6.46 所示。

图 6.45

图 6.46

03 现在外形勾画得差不多了，接下来勾画长椅、灌木、樱花树和建筑的细节部分，如图 6.47 所示。

04 擦掉多余的线条，然后准确地勾画长椅、樱花树、灌木、建筑和塔的细节，如图 6.48 所示。

图 6.47

图 6.48

6.3.3 公园上色

下面用彩铅笔刷进行上色。风景画的景物比较多，不可能一朵花、一朵花地表现，只能用色块去表现，本例以排斜线的上色方式刻画花朵的暗面。

01 用 ▆ 色（R=233 G=190 B=185）、▆ 色（R=169 G=193 B=167）和 ▆ 色（R=245 G=233 B=130）给画面铺底色，开始以平涂的方式上色，如图 6.49 所示。

02 用 ▆ 色（R=126 G=127 B=121）刻画长椅的颜色，用 ▆ 色（R=160 G=88 B=58）刻画长椅后面台阶的颜色，然后刻画枝干、路面和灌木的颜色，如图 6.50 所示。

图 6.49

图 6.50

03 给长椅、樱花树、灌木、塔和远处的建筑上色，注意远处的建筑以平涂的方式上色，如图 6.51 所示。

04 以排线的方式加重樱花树、灌木和路面的暗面，并且刻画出长椅的环境色，然后用 ▆ 色（R=110 G=88 B=69）刻画出椅子后面的台阶和远处的窗户，如图 6.52 所示。

图 6.51

图 6.52

05 塑造所有景物的亮面，注意在给亮面上色时线条之间的距离要刻画均匀，画面的整体效果才能表现到位，如图 6.53 所示。

06 用 色（R=84 G=65 B=61）给远处的建筑淡淡地上一层颜色，注意窗户的颜色更深一点，然后仔细地给前面的景物添加颜色层次，如图 6.54 所示。

图 6.53

图 6.54

07 对樱花树进行一次调整，让其颜色变得更加饱满，然后给长椅的暗面叠加一层 █ 色（R=84 G=65 B=61），如图 6.55 所示。

08 不要大面积地进行修改，慢慢地修改局部的细节，如图 6.56 所示。

图 6.55

图 6.56

6.4 试穿婚纱的女孩

　　婚礼是每个女孩生命中最重要的时刻之一，而婚纱是这个时刻重要的装束，每个女孩都梦想着穿上漂亮的婚纱嫁给自己喜欢的白马王子，从此过上幸福、快乐的生活。在本例中将绘制一个试穿婚纱的女孩，如图 6.57 所示。

人物的婚纱集中了画面的细节，因此要把上面的花边、褶皱仔细表现

整个人物是画面中的亮点，也是塑造的重点

对于旁边的陪衬物，要把主次关系搞清楚，这样在刻画的时候画面的空间感才能表现到位

图 6.57

6.4.1 导入临摹照片

　　01 在 iPad 中打开 Procreate 软件，进入图库，单击"+"图标，在画布预设中有很多预先设置好的尺寸可选，这里单击 ▬ "自定义画布"按钮，设置画布尺寸，设置完成后单击 ▭ 按钮确认，如图 6.58 所示。

　　02 单击 🖌 按钮打开"操作"面板，选择 🞢 "添加"页面下的"插入照片"选项，如图 6.59 所示。

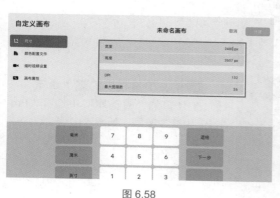

图 6.58

图 6.59

03 导入本例的参考图"森女风格.jpg",将参考图缩放到适合画布的尺寸,如图 6.60 所示。

图 6.60

04 在"图层"面板中单击图层名称右边的 N 按钮,打开图层混合选项,降低不透明度,让照片变成半透明状态,以作为绘制线稿的参照,如图 6.61 所示。

图 6.61

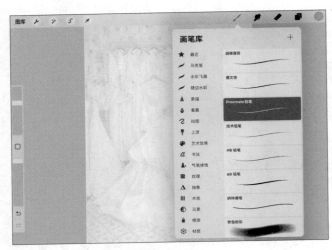

图 6.62

05 单击工具栏中的 ✏ "画笔" 按钮，在打开的 "画笔库" 中选择 "Procreate 铅笔" 笔刷，如图 6.62 所示。

6.4.2 场景线稿绘制

下面绘制场景线稿。当线稿比较复杂的时候，把握好主次关系特别重要。在这幅画中女孩是重点，按照从前向后的关系排列出主次顺序，慢慢地进行绘制，线条的虚实要不断进行调整。

01 用直线概括出画面中人物和景物的大概形状，如图 6.63 所示。

02 从人物开始勾画婚纱和背景的细节，主次要分明，如图 6.64 所示。

图 6.63   图 6.64

03 深入勾画出婚纱的细节，然后勾画墙壁和地毯的图案，最后仔细勾画出挂在墙壁上的婚纱，前后关系要把握好，如图 6.65 所示。

6.4.3　场景上色

下面用彩铅笔刷进行上色，顺着婚纱的褶皱淡淡地排线上色，注意刻画出婚纱边缘线的虚实变化，然后调整每一处褶皱的颜色变化，让婚纱显得更加精致、漂亮。

01 用███色（R=184 G=185 B=187）和███色（R=184 G=160 B=155）表现出椅子上婚纱的褶皱和画面背景的暗面，然后用███色（R=207 G=119 B=58）为人物身上和后面挂着的婚纱铺底色，如图 6.66 所示。

02 给人物整体叠加颜色，注意要控制好人物皮肤颜色的深度。用███色（R=207 G=119 B=58）和███色（R=69 G=0 B=0）刻画出地毯和后面背景的颜色，如图 6.67 所示。

图 6.65

图 6.66

图 6.67

03 从前面的地毯开始到后面的墙壁整体叠加一层颜色，凸显出画面的立体感，如图 6.68 所示。

04 给人物的头发、背部和手臂加重颜色，然后用███色（R=69 G=0 B=0）从裙摆的根部加重阴影和地面暗面的颜色。绘制后面挂着的婚纱和背景墙壁的颜色，细节要慢慢地深入刻画，如图 6.69 所示。

图 6.68

图 6.69

05 用虚实变化的线条重新勾画人物的外形轮廓，然后深入塑造人物的头发、肤色和婚纱的颜色。婚纱褶皱的过渡面要绘制均匀，然后强调后面婚纱的边缘线，如图 6.70 所示。

06 继续调整画面轻重的次序，然后加重挂婚纱的衣架。人物背面的暗面用███色（R=220 G=130 B=91）刻画，注意线条一定要排整齐，这样人物的皮肤才会体现出精致的感觉，如图 6.71 所示。

图 6.70

图 6.71

07 最后的调整，主要是完美地体现出画面的立体感，在拉开颜色层次关系的同时加重画面的暗面颜色。后面镜子的边缘要以排线的方式加重外轮廓的虚实变化，同时加深衣架阴影的颜色，如图 6.72 所示。

图 6.72

6.5　唯美的花丛

唯美写生风格带一些手绘的痕迹，又有工整的工笔画味道，是很多插画家喜欢的风格。本例绘制的是小花园的一角，在百花盛开的季节，五颜六色的植物把整个花园装扮得特别漂亮，如图 6.73 所示。

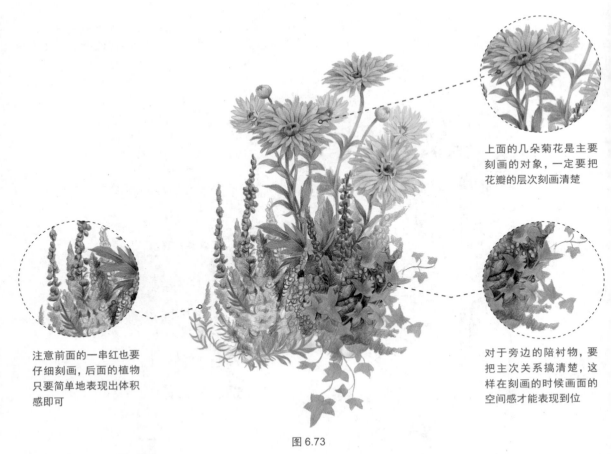

上面的几朵菊花是主要
刻画的对象，一定要把
花瓣的层次刻画清楚

注意前面的一串红也要
仔细刻画，后面的植物
只要简单地表现出体积
感即可

对于旁边的陪衬物，要
把主次关系搞清楚，这
样在刻画的时候画面的
空间感才能表现到位

图 6.73

6.5.1　准备画布

01 在 iPad 中打开 Procreate 软件，进入图库，单击"+"
图标，在画布预设中有很多预先设置好的尺寸可选，这里单
击 ▭▭ "自定义画布"按钮，设置画布尺寸，设置完成后单击
▭▭▭ 按钮确认，如图 6.74 所示。

02 单击 🔧 按钮打开"操作"面板，选择 ➕ "添加"页面
下的"插入照片"选项。单击工具栏中的 ✏ "画笔"按钮，
在打开的"画笔库"中选择"Procreate 铅笔"笔刷，如图
6.75 所示。

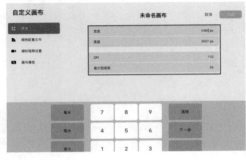

图 6.74

图 6.75

6.5.2　唯美花丛线稿绘制

　　下面绘制场景线稿。菊花是主要刻画的对象，仔细地绘制出菊花的花瓣。下面的叶子不是主要表现对象，简单描绘即可。

　　01 用直线概括出花朵的外形，如图 6.76 所示。

　　02 勾画详细的外形轮廓，如图 6.77 所示。

图 6.76

图 6.77

　　03 深入确定出每朵花的外形轮廓。因为画面中的花朵比较多，所以线稿的线条显得特别复杂，在刻画的时候一定要把握好，如图 6.78 所示。

　　04 继续勾画花朵的线稿，注意每一处的细节都要仔细勾画，最后擦掉多余的辅助线。注意不同种类的花的叶子不一样，大家在刻画的时候要仔细观察，如图 6.79 所示。

图 6.78

图 6.79

6.5.3 唯美花丛线稿上色

上色前在线稿的下一层新建一个图层，命名为"上色"，然后用铅笔笔刷进行上色，多用触控笔的侧峰进行上色，以表现出色铅笔的质感。

01 主要选用■■色（R=224 G=166 B=206）、■■色（R=152 G=182 B=198）和■■色（R=207 G=199 B=236），以笔的侧峰排线给花朵上色，如图 6.80 所示。

02 给花朵的枝叶上色，主要选用■■色（R=169 G=243 B=165）刻画。在刻画花朵时要把握好颜色层次的变化，如图 6.81 所示。

图 6.80

图 6.81

03 选用■■色（R=254 G=252 B=108），以笔的侧峰排线给花骨朵和花朵上色，注意颜色的深度要把握好，如图 6.82 所示。

04 选用■■色（R=224 G=166 B=206）和■■色（R=152 G=182 B=198），仍然以笔的侧峰排线上色，注意花朵的颜色深度要把握好，如图 6.83 所示。

图 6.82

图 6.83

05 继续给叶子上色，主要选用███色（R=81 G=163 B=64）给下面的小叶子叠加颜色，如图 6.84 所示。

06 选用███色（R=208 G=149 B=13）和██色（R=254 G=244 B=185）绘制每一朵菊花的花瓣，注意把握好虚实关系，然后描绘叶子的细节，如图 6.85 所示。

图 6.84

图 6.85

07 选用███色（R=211 G=124 B=179）和███色（R=223 G=151 B=152）刻画每一个小花朵，让画面看起来更加精致。注意在给花朵叠加颜色的时候一定要把握好阴影的深浅变化，如图 6.86 所示。

6.6　可爱的猫咪

这只猫咪的头特别大，看起来非常可爱，它闭目养神的样子很有趣，下面用彩铅笔刷来刻画这只猫咪，如图 6.87 所示。

图 6.86

用轻柔的线条描绘出
猫咪的轮廓

用深色的彩铅笔刷来
加强猫咪的轮廓和细
节,让它看起来更加立
体和有质感

选择合适的颜色,可以
选择灰色、棕色、黑色
等颜色来描绘猫咪的
毛发

图 6.87

6.6.1 准备画布

01 在 iPad 中打开 Procreate 软件,进入图库,单击"+"图标,在画布预设中有很多预先设置好的尺寸可选,这里单击━━"自定义画布"按钮,设置画布尺寸,设置完成后单击 创建 按钮确认,如图 6.88 所示。

02 单击✎按钮打开"操作"面板,选择➕"添加"页面下的"插入照片"选项。单击工具栏中的✐"画笔"按钮,在打开的"画笔库"中选择"Procreate 铅笔"笔刷,如图 6.89 所示。

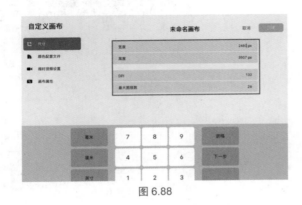

图 6.88

图 6.89

6.6.2　可爱猫咪线稿打型

01 用淡淡的长线确定出猫咪的外形轮廓，注意猫咪的动态要刻画准确，如图 6.90 所示。

02 慢慢画出猫咪的五官位置和猫咪的身体，注意开始用有弧度的线条刻画，如图 6.91 所示。

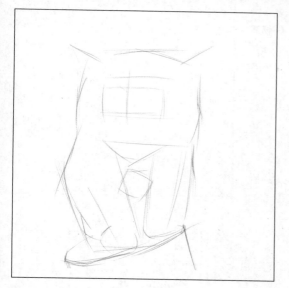

图 6.90

图 6.91

03 擦掉多余的辅助线，慢慢地刻画出猫咪准确的外形，如图 6.92 所示。

04 用软橡皮调整线稿的虚实关系，注意不要擦掉有用的线条，如图 6.93 所示。

图 6.92

图 6.93

6.6.3 可爱猫咪线稿上色

01 五官是画面的重点，因此要仔细刻画，耳朵和鼻子选用█色（R=240 G=203 B=194）上色，如图 6.94 所示。

02 猫咪嘴边的毛发选用█色（R=222 G=229 B=138）刻画，脖子上的项圈选用█色（R=220 G=186 B=185）刻画，可爱的大铃铛选用█色（R=195 G=195 B=195）刻画，如图 6.95 所示。

03 猫咪肚子下毛发的颜色比较重，要把线条排得密集一点，如图 6.96 所示。

04 继续刻画猫咪身上的毛发，注意一定要顺着猫咪的形体刻画，如图 6.97 所示。

05 选用█色（R=246 G=218 B=153）刻画下颌附近的毛发，注意毛发的层次关系要刻画到位，如图 6.98 所示。

图 6.94

图 6.95

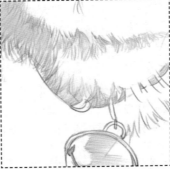

图 6.96

图 6.97

图 6.98.

06 整体深入刻画猫咪身上的毛发，接下来刻画爪子上的毛发，注意线条刻画得要柔和一点，如图 6.99 所示。

爪子主要抓住3个面刻画，即暗面、灰面和亮面

图 6.99

07 选用▇▇色（R=181 G=155 B=138）刻画猫咪身体下的树桩，注意上面的纹理一定要仔细刻画，如图 6.100 所示。

图 6.100

08 刻画猫咪腿部的毛发，因为高光部分的毛发比较白，所以无须刻画，主要刻画灰面和暗面的毛发，如图 6.101 所示。

09 继续刻画猫咪身上的毛发，在刻画毛发的时候线条要有弧度，如图 6.102 所示。

图 6.101

图 6.102

⑩ 选用██色（R=131 G=109 B=112）加重树桩的颜色，注意树桩的纹理要仔细刻画，一定要把每一个细节刻画到位，如图 6.103 所示。

⑪ 刻画出树桩上面的环境色，注意线条要排列整齐，如图 6.104 所示。

图 6.103　　　　　　　　　　　　　　图 6.104

⑫ 深入调整画面的重要部分，特别是猫咪的五官和项圈，如图 6.105 所示。

图 6.105

图 6.106

⑬ 选用██色（R=78 G=53 B=36）刻画出猫咪长长的胡须，让画面看起来更加精致，如图 6.106 所示。

⓮ 做整体调整，将毛发进行色调的统一处理，完成作品，如图 6.107 所示。

通过绘制彩铅插画，大家可以看出绘制彩铅插画有点像画素描，可以叠加色调。彩铅笔刷的颜色带有叠加属性，色调可以根据绘画者手上的力度加深或减弱。

图 6.107

第 7 章 ◀◀
模玩工业风格插画

　　模玩工业风格插画是一种将机械、工业元素与模型玩具结合起来的插画风格。模玩工业风格插画的特点是细节丰富、线条硬朗、构图紧凑、色彩饱和。它通常使用计算机绘制，然后加入手绘元素，使插画更具有艺术感和个性化。在该种插画中，机械元素和模型玩具常被放大、夸张，以突出其特点和魅力。

　　模玩工业风格插画的应用范围非常广泛，可以应用于产品、游戏、电影、动漫、科技、设计等领域。它不仅可以吸引人们的眼球，还可以传达出一种未来感和科技感，让人们感受到科技发展的速度和力量。

7.1 吹风机

　　这款吹风机的效果图是一个圆柱体和方柱体的组合，从吹风机的前口向后呈现出一个切插型，在后柱的前端又出现一个曲面，而后转折向下变为方柱体的把手，如图 7.1 所示。对于这种不断变化的形态，运笔一定要连贯、清晰，寻找相互关联的笔势走向，避免破碎的笔触影响造型的完整性。另外，每一笔都要卡在形态结构的转折上，同时要注意留出高光的位置。本例使用的主要工具是铅笔笔刷、喷笔笔刷和马克笔笔刷。

机身的后面没有太大变化，只是颜色比前面深一点，处理好颜色的深浅变化即可

出风口的造型比较独特，大家在塑造的时候要准确地刻画它的造型，在上色时要把握好它的颜色变化

这里是机身连接线的地方，在刻画的时候要处理好这个地方

吹风机的开关是较重要的部分，它一般位于把手上

图 7.1

7.1.1　绘制吹风机线稿

01 在画吹风机的机身时先观察外部造型，然后用流畅的线条画出一个前大后小的圆柱体，再画出方柱体形状的把手，这样它的外形轮廓就勾画好了，如图 7.2 所示。

02 塑造吹风机的机身细节，主要先刻画出机身和把手组合部分的分界线，然后画出把手和线连接的地方，注意细节要刻画到位，如图 7.3 所示。

03 刻画吹风机的细节部分，主要刻画出出风口和上面的曲面小转折，然后刻画出吹风机的开关外形，如图 7.4 所示。

04 在吹风机的开关位置确定以后，再刻画出开关的按钮，注意按钮的造型要把握好透视关系，如图 7.5 所示。

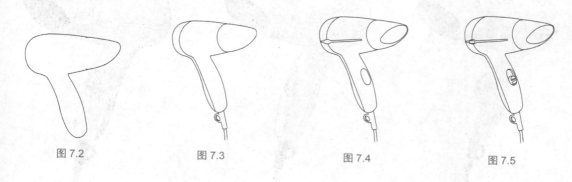

图 7.2　　　　图 7.3　　　　图 7.4　　　　图 7.5

7.1.2　吹风机线稿上色

01 选用███色（R=169 G=158 B=190）给吹风机铺底色，注意区分出吹风机的亮面和暗面，如图 7.6 所示。

02 选用███色（R=219 G=188 B=217）和███色（R=174 G=163 B=171）给后面部分上色，注意颜色的变化，接下来选用███色（R=92 G=89 B=79）给电线和出风口上色，如图 7.7 所示。

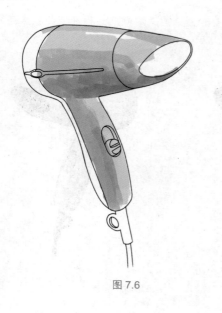

图 7.6

图 7.7

03 选用■色（R=123 G=118 B=124）加重暗面的颜色，注意不同笔触的表现力。大家在刻画暗面的颜色时可以选择较宽的马克笔笔刷刻画，用颜色的叠加来表现颜色特别重的地方，如图 7.8 所示。

04 在将重颜色部分刻画完成以后深入刻画出风口的地方，主要选用■色（R=92 G=89 B=79）和■色（R=219 G=188 B=217）刻画，暗面使用黑色的马克笔笔刷，亮面使用■色（R=169 G=158 B=190）的马克笔笔刷，在两种颜色结合的地方颜色要处理好，如图 7.9 所示。

05 选用■色（R=169 G=158 B=190）和■色（R=92 G=89 B=79）刻画出吹风机外壳的重颜色部分，注意在刻画的过程中要表现出吹风机的质感，并且颜色的层次要分明，如图 7.10 所示。

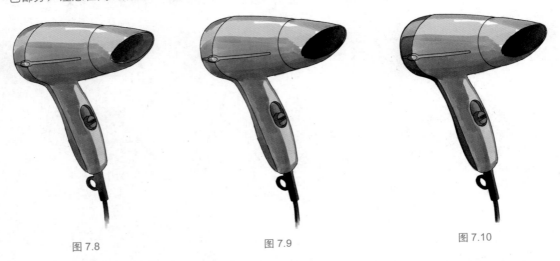

| 图 7.8 | 图 7.9 | 图 7.10 |

06 选用■色（R=169 G=158 B=190）刻画出吹风机机身的质感，注意颜色的深浅变化要刻画到位，由于整幅效果图的质感表现是塑造的重点，所以大家要认真处理，如图 7.11 所示。

07 由于受光线的影响，亮面的颜色带有一定的颜色倾向，所以选用■色（R=201 G=191 B=199）和■色（R=175 G=164 B=172）塑造，注意将颜色涂抹均匀，这样画面整体看起来就比较整洁，如图 7.12 所示。

08 刻画开关部分的暗面，选用■色（R=81 G=99 B=109）刻画，注意细节要刻画到位。在将细节调整完成以后，整幅效果图就完成了，如图 7.13 所示。

| 图 7.11 | 图 7.12 | 图 7.13 |

7.2　摄像机

这款摄像机的效果图是一个圆柱体和立方体的组合，立方体的外侧是一个弧形结构，与棱角分明的切面形成了鲜明的对比，如图 7.14 所示。根据摄像机的外形和尺寸绘制出摄像机的主体和镜头的轮廓线，在绘制过程中可以使用不同颜色的马克笔来区分不同部分，使效果图更加清晰明了。本例主要使用了铅笔笔刷、喷笔笔刷、马克笔笔刷和水彩笔刷。

在刻画摄像机的镜头时一定要把握好透视关系，准确地塑造出摄像机的镜头的外形和质感

摄像机开关处的细节比较多，有许多小的曲面转折，大家在刻画的时候要把这些小的曲面转折都刻画到位

图 7.14

刻画镜头旁边的机身部分，注意细节比较多，每一处按钮和曲面转折都要刻画到位

7.2.1　绘制摄像机线稿

01 用流畅的线条勾画出摄像机的外形轮廓，注意线与线交叉的地方要衔接好，并且摄像机的透视关系要准确，如图 7.15 所示。

02 刻画摄像机的细节部分，主要塑造镜头的曲面转折线，接下来塑造手握处带子的挂扣，不要忘记对摄像机后面按钮的刻画，如图 7.16 所示。

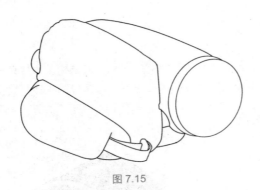

图 7.15

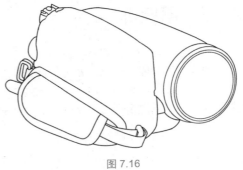

图 7.16

03 刻画摄像机的细节，主要塑造摄像机的机身和开关，机身主要刻画出它的曲面转折线和顶部按钮，特别是开关按钮处的细节要仔细刻画，如图 7.17 所示。

04 机身上的细节比较多，为了摄像机的整体效果，把能观察到的按钮都刻画出来，注意按钮的造型要刻画准确，最后刻画出镜头不同的曲面转折线，如图 7.18 所示。

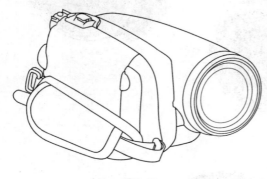

图 7.17

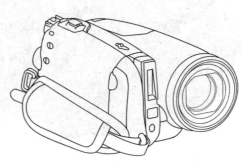

图 7.18

7.2.2 摄像机线稿上色

01 选用■■色（R=122 G=144 B=158）和■■色（R=81 G=98 B=108）给摄像机的机身上色，在上色时一定要把握住摄像机的体积感，注意选用宽头的笔刷上色，如图 7.19 所示。

02 用■■色（R=80 G=98 B=108）加重镜头部分外壳的颜色，主要选用■■色（R=156 G=175 B=189）和■■色（R=185 G=189 B=200）塑造，然后给摄像机的镜头上色，注意颜色的变化，如图 7.20 所示。

图 7.19

图 7.20

03 用▆▆色（R=161 G=179 B=193）和▆▆色（R=180 G=184 B=195）加重摄像机机身的颜色，注意颜色的深浅变化一定要刻画到位，如图 7.21 所示。

04 深入刻画机头部分的细节，注意暗面的颜色选用黑色的马克笔笔刷上色，灰面选用▆▆色（R=234 G=169 B=161）和▆▆色（R=79 G=97 B=107）上色，然后仔细地塑造出镜头玻璃的质感，如图 7.22 所示。

图 7.21　　　　　　　　　　　　　　　　图 7.22

05 用▆▆色（R=171 G=189 B=201）和▆▆色（R=158 G=177 B=192）刻画镜头后面的机身，主要加重整体的颜色，然后处理好颜色的过渡面，注意在刻画的过程中要刻画出摄像机外壳的质感，如图 7.23 所示。

06 用▆▆色（R=207 G=210 B=219）、▆▆色（R=184 G=188 B=199）和▆▆色（R=92 G=89 B=79）刻画摄像机右半边机身，选用▆▆色（R=123 G=118 B=124）以平涂的方法给摄像机右半边机身上色。接下来选用▆▆色（R=81 G=98 B=108）给机身处的投影上色，再选用灰白色刻画出高光，如图 7.24 所示。

图 7.23　　　　　　　　　　　　　　　　图 7.24

07 深入刻画摄像机固定带子的颜色，主要选用▆▆色（R=123 G=118 B=124）上色，注意细节要刻画到位，如图 7.25 所示。

08 调整细节部分，深入刻画剩余的几个细节，注意颜色的深浅不同，接下来刻画出摄像机的品牌名称，如图 7.26 所示。

图 7.25　　　　　　　　　　　　　　　　图 7.26

7.3 计时器

在产品设计中，设计者有时会遇到几个椭圆在一个平面上排列的情况，这时设计者需要掌握和控制椭圆的远近、大小和透视关系，这需要设计者具有一定的技能和经验。本例的效果如图 7.27 所示。

图 7.27

在刻画表的时候，表的正面是要刻画的主要部分，这一部分细节比较多，大家要仔细刻画

侧面的细节不太多，主要有两个调整时间的按钮，按钮上的纹理可以选择针笔刻画，这样能塑造出表的真实感

7.3.1 绘制计时器线稿

01 仔细观察表的造型，然后用圆滑的曲线刻画出表的外形轮廓，在刻画的时候可以借助一些画圆工具，如图 7.28 所示。

02 刻画出表边棱上调整时间的两个按钮，注意按钮的透视关系一定要正确，仔细观察可以看出整幅图都是大圆套小圆，如图 7.29 所示。

图 7.34

03 继续给表上色，选用■色（R=129 G=144 B=175）和■色（R=69 G=93 B=131）给表里面的背景上色，注意颜色要涂抹均匀，颜色的深浅变化也要刻画到位，如图7.34 所示。

04 选用■色（R=147 G=146 B=152）加重灰面的颜色，然后选用黑蓝刻画出暗面的颜色，注意颜色的过渡要自然，如图 7.35 所示。

05 用■色（R=103 G=103 B=103）和■色（R=183 G=183 B=183）给时针区和秒针区的背景铺底色，开始上色时颜色不能过重，选用深灰平涂底色，注意颜色要涂抹均匀，再选用■色（R=184 G=188 B=199），用深一点儿的灰色刻画出时针区小圆的颜色，接着塑造表外面的质感，如图 7.36 所示。

图 7.35

图 7.36

06 在将表外面的质感刻画好以后，接下来用■色（R=244 G=222 B=109）刻画表里面的细节，主要给时针、分针、秒针上色，注意颜色的不同，然后塑造表里面边缘区域金属的质感，如图7.37 所示。

07 刻画时针区和秒针区的数字，注意数字之间的距离要均匀，然后刻画出表的品牌名。至此表的效果图就完成了，如图 7.38 所示。

图 7.37

图 7.38

7.4　拉杆箱

　　拉杆箱指包含拉杆和滚轮的箱子，因其使用方便而受到人们的广泛使用。拉杆箱的管有方管和圆管之分，在实际设计中很多时候仅在一个平面上画椭圆是远远不够的，大家需要掌握应对各种形态椭圆变化的方法，只有这样才能在多个平面上画出符合透视变化的椭圆，并将注意力集中在每个正方形的透视变化之内。本例的效果如图 7.39 所示。

拉杆箱的手提把的刻画比较简单，主要选用黑色的马克笔笔刷塑造，注意造型要刻画准确

手提杆和箱体连接的地方有一个凹进去的造型，大家要仔细地塑造这个部位

在刻画箱体的侧面时一定要塑造好拉链和旁边的细节，重点是对拉链的深入刻画

图 7.39

7.4.1　绘制拉杆箱线稿

　　01 拉杆箱的造型比较简单，主要塑造侧面和背面的造型，注意线条一定要流畅，形体一定要塑造准确，如图 7.40 所示。

　　02 给两个不同角度的拉杆箱刻画出手提把和下面的滑轮，透视关系一定要刻画准确，特别是滑轮的细节一定要刻画仔细，如图 7.41 所示。

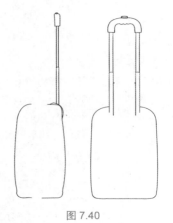

图 7.40

03 刻画拉杆箱侧面的拉链，拉链的造型一定要刻画准确，然后塑造另外一幅侧面图的拉杆和箱体衔接处的大凹面，如图 7.42 所示。

04 刻画拉杆箱的细节部分，侧面效果图主要刻画拉链和旁边的细节部分，背面的效果图主要刻画箱体后面的凹凸感，如图 7.43 所示。

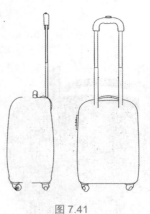

图 7.41

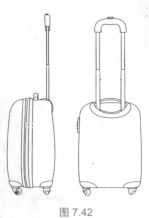

图 7.42

图 7.43

7.4.2 拉杆箱线稿上色

01 选用███色（R=234 G=111 B=111）和███色（R=178 G=182 B=193）马克笔笔刷刻画，注意细节部分的底色要仔细刻画，特别是背面效果图的大凹面要仔细刻画，如图 7.44 所示。

02 选用███色（R=227 G=122 B=138）给画面上色，采用整体上色的方法塑造，从下面的滑轮到上面的拉杆一层一层地加深画面的颜色，这样可以塑造出丰富的颜色层次，如图 7.45 所示。

图 7.44

图 7.45

03 选用■色（R=208 G=28 B=17）和■色（R=92 G=89 B=79）塑造拉杆箱的颜色，在刻画箱体的时候一定要刻画出颜色的深浅变化，塑造好箱体的外部细节。继续深入刻画拉杆箱的颜色，先刻画出箱体颜色的深浅变化，再塑造出拉杆箱的质感，主要是塑造箱体的质感，如图 7.46 所示。

图 7.46

04 在将大的颜色关系塑造好以后，添加箱子的细节部分，主要刻画箱体的拉链、拉杆等的质感，然后调整细节部分，调整好后，拉杆箱的效果图就完成了，如图 7.47 所示。

图 7.47

7.5 数码相机

本例绘制一款方形、圆角的数码相机，在绘制时要注意立方体的透视关系，在立方体上绘制圆形按钮时首先想象将要在一个具有空间感的平面上画椭圆，在画多个椭圆的时候还要注意每个椭圆之间的透视变化关系。本例的效果如图 7.48 所示。

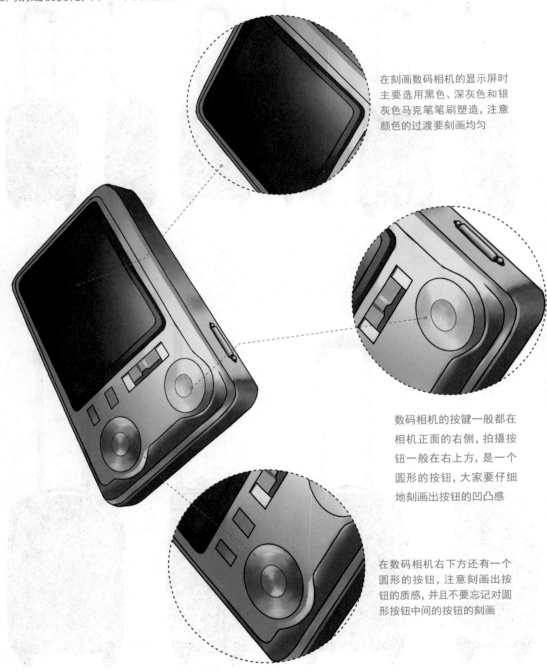

在刻画数码相机的显示屏时主要选用黑色、深灰色和银灰色马克笔笔刷塑造，注意颜色的过渡要刻画均匀

数码相机的按键一般都在相机正面的右侧，拍摄按钮一般在右上方，是一个圆形的按钮，大家要仔细地刻画出按钮的凹凸感

在数码相机右下方还有一个圆形的按钮，注意刻画出按钮的质感，并且不要忘记对圆形按钮中间的按钮的刻画

图 7.48

7.5.1　绘制数码相机线稿

01 先大概了解一下这款普通数码相机的外形，然后借助直尺刻画出相机的外形轮廓，注意 4 个角的圆弧一定要刻画到位，如图 7.49 所示。

02 在数码相机的外形刻画好以后，塑造出数码相机的厚度，接着刻画出显示屏的外形，注意显示屏的外形和位置一定要刻画准确，如图 7.50 所示。

03 借助直尺刻画出显示屏的棱的宽度，然后借助圆规工具刻画出显示屏旁边的两个圆形按钮，注意按钮外侧的曲面转折线要刻画准确，如图 7.51 所示。

04 刻画数码相机的外形轮廓，接下来主要刻画圆形按钮，注意不要忘记对圆形按钮中间的按钮的刻画，如图 7.52 所示。

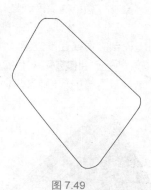

图 7.49

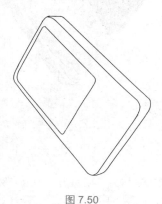

图 7.50

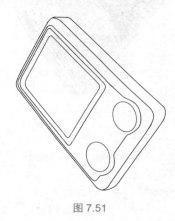

图 7.51

图 7.52

7.5.2　数码相机线稿上色

01 在相机的外形线稿刻画完以后，选用▇▇色（R=205 G=208 B=217）给相机铺底色，颜色一定要涂抹均匀，注意给显示屏留白，这样外壳的底色就刻画完成，如图 7.53 所示。

02 选用▇▇色（R=157 G=176 B=191）给显示屏上色，注意颜色的深浅变化要刻画出来，然后选用▇▇色（R=117 G=139 B=153）刻画出数码相机的暗面的颜色，如图 7.54 所示。

图 7.53

图 7.54

03 选用■■色（R=81 G=99 B=109）加重相机暗面的颜色，特别是相机无按键的那一边，一定要控制好颜色的深度，这样可以塑造出相机的体积感，如图 7.55 所示。

04 在将数码相机的颜色刻画到位以后，开始刻画屏幕的质感，主要处理好颜色的过渡面，从暗面到亮面要逐渐过渡，如图 7.56 所示。

05 选用■■色（R=92 G=89 B=79）刻画显示屏的边缘，特别是颜色的深浅变化要刻画到位，这样显示屏的质感就塑造出来了，如图 7.57 所示。

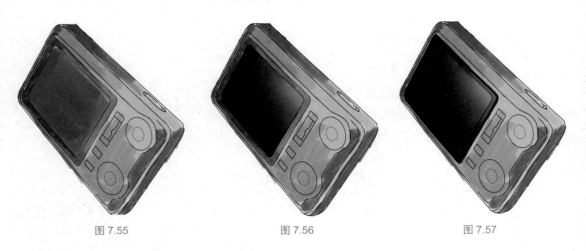

图 7.55   图 7.56   图 7.57

06 塑造数码相机正面的颜色，主要选用■■色（R=162 G=181 B=195）刻画，注意正面外壳的颜色变化比较微妙，大家要仔细刻画，如图 7.58 所示。

07 选用■■色（R=170 G=188 B=202）、■■色（R=163 G=181 B=195）和■■色（R=183 G=187 B=198）塑造数码相机的侧面，注意相机的侧面颜色比较重，在刻画的时候一定要把握好颜色的深度，高光的地方可以用留白的方式处理，如图 7.59 所示。

08 选用■■色（R=170 G=188 B=202）和■■色（R=204 G=207 B=216）塑造数码相机上所有按钮的凹凸感，同时刻画出按键的质感，接下来调整画面的细节，数码相机的效果图就完成了，如图 7.60 所示。

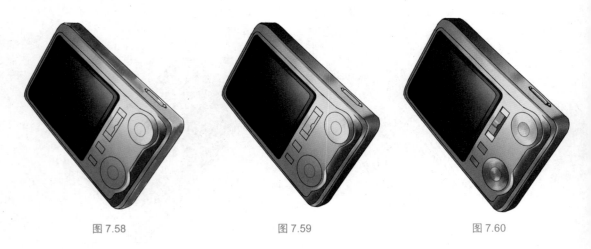

图 7.58   图 7.59   图 7.60

7.6 运动鞋

这款运动鞋的造型比较酷，如图 7.61 所示。大家在刻画的时候一定要将其外形刻画准确，然后再刻画出具有体积感的颜色。大家在画带弧形曲面的形体时首先要考虑光线的来源，然后根据曲度变化、明暗变化及转折关系，用简练、准确的手法将暗面迅速地画出。

鞋带部分要先刻画好下面的黄色部分，然后选用细一点儿的马克笔笔刷刻画鞋带

鞋头部分先刻画好质感，然后刻画上面的小孔，注意小孔的间隔要刻画好

图 7.61

7.6.1 绘制运动鞋线稿

01 用流畅的线条刻画出运动鞋的外形轮廓，开始线条不用太讲究，只要流畅地塑造出运动鞋的外形即可，如图 7.62 所示。

02 在外形刻画好以后，用圆滑且准确的线条刻画出运动鞋的外形，鞋底和鞋面的细节都要刻画到位，如图 7.63 所示。

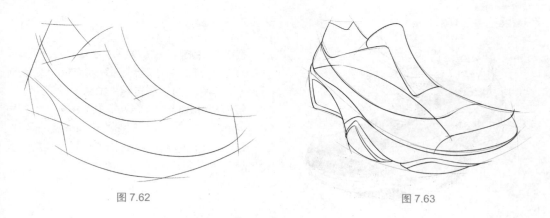

图 7.62

图 7.63

03 刻画出鞋后面的厚度，然后刻画出鞋底的细节，再刻画运动鞋的鞋带，注意鞋带比较细，大家要仔细刻画，如图 7.64 所示。

04 在外形塑造好以后，调整线稿图的虚实关系，这样刻画出来的线稿图比较有立体感，也方便后面的上色，如图 7.65 所示。

图 7.64

图 7.65

7.6.2 运动鞋线稿上色

01 在运动鞋的线稿图完成以后，选用▇▇色（R=171 G=189 B=203）、▇▇色（R=157 G=177 B=191）和▇▇色（R=184 G=188 B=199）给运动鞋的鞋面和侧面上色，注意选用较宽的马克笔笔刷塑造，颜色的过渡要自然，如图 7.66 所示。

02 接下来选用▇▇色（R=123 G=118 B=124）刻画鞋棱处的颜色，在将鞋棱刻画完以后，刻画鞋头部分的颜色，如图 7.67 所示。

图 7.66

图 7.67

图 7.68

03 选用▇▇色（R=92 G=89 B=79）刻画鞋面的深色部分，注意颜色的深浅变化一定要刻画出来，颜色的过渡要自然，如图 7.68 所示。

04 选用▇▇色（R=87 G=104 B=114）刻画出鞋带的颜色，然后选用▇▇色（R=247 G=216 B=169）塑造出运动鞋的高光部分，注意高光的位置要刻画准确，如图 7.69 所示。

05 选用■■色（R=210 G=156 B=58）刻画出黄色部分，大家在刻画的时候一定要仔细，并且注意颜色一定要涂抹均匀，如图 7.70 所示。

图 7.69   图 7.70

06 在将鞋的细节刻画完以后，需要给运动鞋增加环境色，选用橘色马克笔笔刷刻画出运动鞋的环境色，如图 7.71 所示。

图 7.71

7.7 机器人

　　机器人的组成与人类身体的组成非常相似，在设计机器人时需要考虑特定形态的造型，例如半切形、回转形、绕转形等，这些形状不像正圆、椭圆、立方体那样规则，为了勾画这些形状，必须在一定的状态下进行扭转，这对绘画者的手部稳定性和控制力的要求都比较高。本例的效果如图7.72 所示。

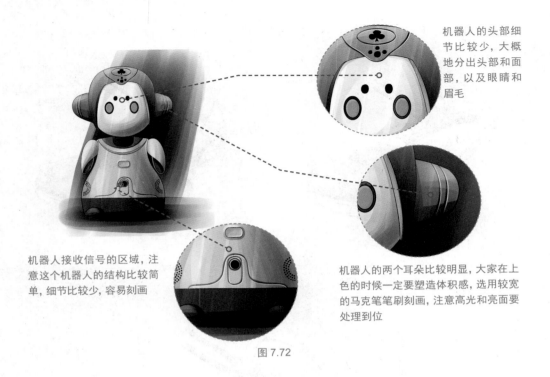

机器人的头部细节比较少，大概地分出头部和面部，以及眼睛和眉毛

机器人接收信号的区域，注意这个机器人的结构比较简单，细节比较少，容易刻画

机器人的两个耳朵比较明显，大家在上色的时候一定要塑造体积感，选用较宽的马克笔笔刷刻画，注意高光和亮面要处理到位

图 7.72

7.7.1 绘制机器人线稿

01 用长线条勾画出机器人的外形，然后在此基础上刻画出机器人的大概轮廓，画面的大小一定要确定好，如图 7.73 所示。

02 用准确的线条勾画出机器人的外形轮廓，主要刻画机器人的头部和身体，头部主要刻画出机器人的耳朵和面部，身体主要刻画出机器人的胳膊、颈部和腰身，如图 7.74 所示。

03 在大的外形刻画好以后刻画细节部分，从头部开始，先刻画出耳朵的曲面转折线和头顶的细节，接着刻画机器人的脚和肚子上面接收信号区域的细节，如图 7.75 所示。

04 去掉多余的辅助线，再塑造细节部分，然后选用圆头的黑色马克笔笔刷把头顶上面的梅花细节刻画出来，注意要仔细刻画，如图 7.76 所示。

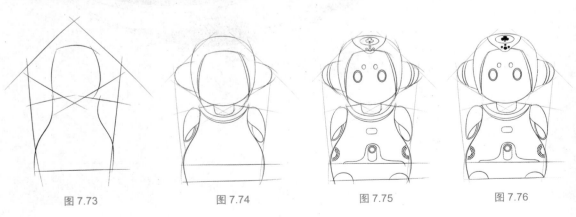

图 7.73　　　　　　　　　图 7.74　　　　　　　　　图 7.75　　　　　　　　　图 7.76

7.7.2　机器人线稿上色

01 选用█色（R=178 G=196 B=206）、█色（R=159 G=178 B=192）和█色（R=92 G=89 B=79）刻画头部和耳朵的颜色，然后刻画颈部和下半身的颜色，注意颜色的变化要刻画到位，如图 7.77 所示。

02 选用█色（R=180 G=184 B=195）刻画出亮面，颜色的过渡一定要自然，灰面的大小要控制好，然后给眼睛和眉毛上色，如图 7.78 所示。

03 在将重颜色的部分刻画好以后给面部和上半身上色，注意选用█色（R=203 G=206 B=215）刻画，颜色的深浅一定要把握好，如图 7.79 所示。

04 给机器人上色，主要刻画机器人的面部和上半身暗面的颜色，选用宽头的█色（R=206 G=209 B=218）马克笔笔刷一层一层地往上加颜色，这样能刻画出自然的过渡面，如图 7.80 所示。

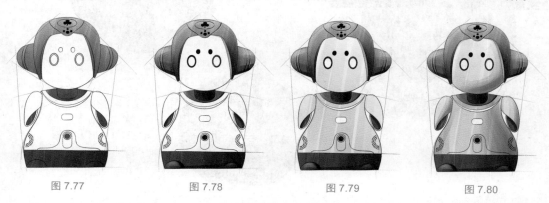

图 7.77　　　　　　图 7.78　　　　　　　　图 7.79　　　　　　　图 7.80

05 刻画机器人的局部细节，主要选用█色（R=126 G=204 B=219）刻画机器人的眼睛和衣领部分的蓝边，如图 7.81 所示。

06 在机器人刻画好以后刻画阴影部分和背景的颜色，选用█色（R=126 G=180 B=214）刻画阴影的颜色，选用█色（R=172 G=161 B=169）和█色（R=175 G=189 B=190）刻画背景的颜色，如图 7.82 所示。

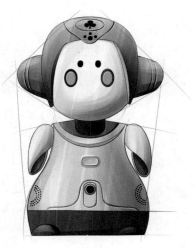

图 7.81

图 7.82

7.8 大号摇铃球

摇铃是一两岁小孩的玩具，它的结构比较简单，就是一个空心的球体里面有两个铃铛，这个空心的球体上面设计了一些椭圆形和六边形的孔，效果如图 7.83 所示。

这些椭圆增加了刻画的难度，注意椭圆形孔棱上的高光要刻画出来

摇铃的红色部分上面是六边形孔，孔里面的颜色比较深，颜色变化也比较明显，因此比较容易刻画

图 7.83

7.8.1 绘制摇铃球线稿

01 用交叉的十字线确定出球体的中心，然后用六边形确定出球体的大小，注意开始主要确定摇铃的外形，忽略细节，如图 7.84 所示。

02 在将球体的大小确定好以后，用流畅的线条刻画出摇铃的外形轮廓，然后刻画出摇铃上面的圆形孔和六边形孔，注意透视关系一定要正确，如图 7.85 所示。

03 刻画摇铃上的细节部分，先刻画出球体上半部分的椭圆，一定要按照正确的透视关系刻画，椭圆之间的距离也要把握好，接着刻画出下面的六边形，如图 7.86 所示。

04 去掉多余的辅助线，把摇铃上半部分的所有细节都刻画到位，然后把下面的细节也刻画好，以便后面上色容易，如图 7.87 所示。

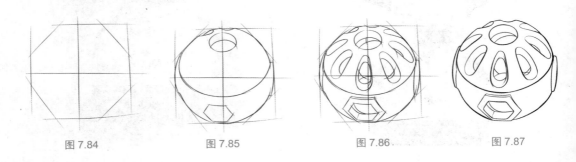

图 7.84   图 7.85   图 7.86   图 7.87

7.8.2　摇铃球线稿上色

01 选用 ▨色（R=149 G=199 B=75）和 ▨色（R=177 G=212 B=182）给摇铃的上半部分上色，注意颜色的深浅变化要刻画出来，在铺底色的时候细节不要考虑太多，如图 7.88 所示。

02 选用 ■色（R=2 G=98 B=66）刻画摇铃里面的颜色，注意里面的颜色变化比较多，刻画出颜色的层次关系即可，摇铃的体积感就出来了，如图 7.89 所示。

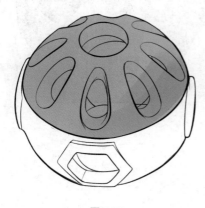 

图 7.88　　　　　　　　　　　　　　　　　图 7.89

03 给摇铃的下半部分上色，主要选用 ■色（R=234 G=111 B=111）和 ■色（R=208 G=18 B=27），摇铃里面由于受光线的影响，颜色比较重，外面的颜色比较浅，注意颜色一定要涂抹均匀，如图 7.90 所示。

04 选用 ▨色（R=211 G=241 B=145）刻画上半部分的亮面，注意颜色过渡一定要自然，选用 ■色（R=233 G=82 B=90）刻画摇铃下半部分的亮面，如图 7.91 所示。

图 7.90　　　　　　　　　　　　　　　　　图 7.91

05 在整个摇铃的颜色刻画好以后，选用 ▨色（R=247 G=216 B=169）刻画出摇铃的高光部分，注意在刻画椭圆处的高光时一定要顺着椭圆的外形刻画，如图 7.92 所示。

06 使用黑色的勾线笔用有虚实变化的线条勾画出摇铃的外形，然后选用黑色和 ■色（R=123 G=118 B=124）刻画出摇铃的阴影和背景，如图 7.93 所示。

图 7.92

图 7.93

7.9 运动头盔

　　运动头盔一般用于有一定危险的运动中，头盔是用来保护运动员头部的，这是运动中必须要做的安全保护措施。它的设计比较到位，对正常情况下的运动都没有影响。在产品设计中，要做出好的效果图，瞬间抓住人的视线，给人愉悦的感受，需要进行大量的练习，并且总结经验和体会，掌握一套行之有效的方法，这样才能使自己充满动力和自信。本例的效果如图 7.94 所示。

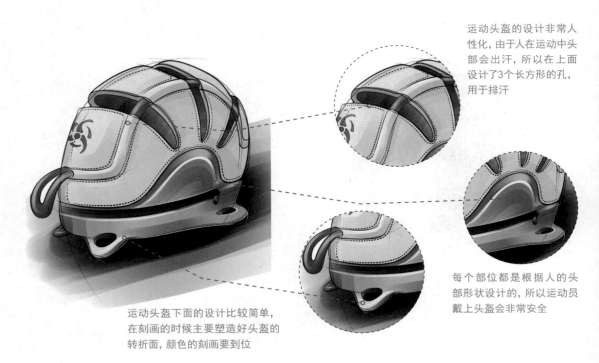

运动头盔的设计非常人性化，由于人在运动中头部会出汗，所以在上面设计了3个长方形的孔，用于排汗

每个部位都是根据人的头部形状设计的，所以运动员戴上头盔会非常安全

运动头盔下面的设计比较简单，在刻画的时候主要塑造好头盔的转折面，颜色的刻画要到位

图 7.94

7.9.1 绘制运动头盔线稿

01 先观察运动头盔的设计结构，然后用圆滑的曲线刻画出运动头盔的外形，注意曲线的弧度一定要表现到位，主要的曲面转折线也要刻画到位，如图 7.95 所示。

02 在运动头盔的外形刻画好以后，刻画运动头盔上面长方形的孔，注意形状要顺着头盔刻画，另外头盔的透视关系一定要准确，如图 7.96 所示。

图 7.95

图 7.96

03 深入刻画运动头盔的外形细节，主要刻画上面的转折面，以及头盔下面凸出的 4 个圆形角，然后刻画出后面的带子，如图 7.97 所示。

04 去掉多余的辅助线，然后进一步刻画运动头盔的细节，这样有利于后面的上色（线稿一定要把必要的细节都刻画到位），如图 7.98 所示。

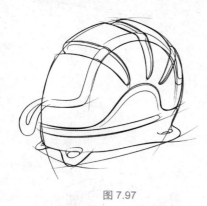

图 7.97

图 7.98

7.9.2 运动头盔线稿上色

01 选用■■色（R=172 G=190 B=202）刻画运动头盔下面结构的颜色，刻画好以后刻画里面的颜色，注意颜色的深浅要刻画到位，如图 7.99 所示。

02 选用■■色（R=157 G=176 B=191）和■■色（R=86 G=104 B=114）加重长方形孔里面的颜色，然后刻画头盔下面的亮面，注意亮面和灰面颜色的过渡要自然，如图 7.100 所示。

03 选用■■色（R=244 G=222 B=109）给运动头盔的表面上色，注意开始一定要把底色铺均匀，这样刻画出来的效果图比较细致，如图 7.101 所示。

04 选用■■色（R=208 G=178 B=92）塑造头盔的暗面，注意细节要仔细刻画，另外一定要处理好暗面和灰面过渡部分的颜色，如图 7.102 所示。

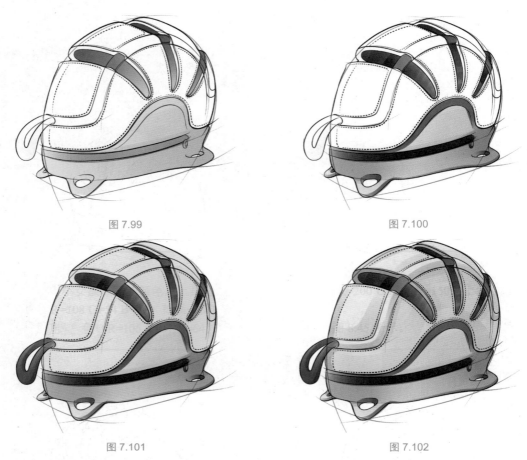

图 7.99

图 7.100

图 7.101

图 7.102

05 选用▇色（R=208 G=211 B=218）和▇色（R=247 G=216 B=169）刻画运动头盔下面的高光和反光部分，然后刻画出带子的高光部分，注意整个运动头盔的细节都要刻画到位，如图 7.103 所示。

06 刻画出头盔上面的 Logo，然后选用▇色（R=92 G=89 B=79）刻画下面的投影，注意投影的层次关系一定要刻画出来，如图 7.104 所示。

图 7.103

图 7.104

动漫风格插画设计的特点是色彩鲜艳、线条流畅、表情夸张、姿势生动。它通常使用数字绘画软件制作，然后加入手绘元素，使插画更具有艺术感和个性化。在插画中，角色设计是非常重要的，通常会设计出可爱、萌、帅气、性感等不同类型的角色，以吸引观众的眼球。

8.1 时尚的女孩

本例重点练习动漫线稿的绘制，如图 8.1 所示。在绘制动漫角色或场景时要先用简单的线条勾勒出基本形状和轮廓，再逐渐加入细节和阴影。绘画者需要不断练习和提高自己的技能，这样才能创作出更加优秀的动漫作品。

01 画出人物的五官和刘海，注意刘海的造型应与脸型相称，如图 8.2 所示。

02 画出人物的头发，注意头发的细节和走向，如图 8.3 所示。

03 画出人物的衣领，注意画出花边，使其显得更加可爱，如图 8.4 所示。

在刻画线条多的地方时一定要注意线条的主次关系，这样才能画出立体感

在刻画双膝的关节时要注意线的穿插关系，不要忘记表示膝盖骨的线条

注意对手的动态的刻画，每一个细微的动态都刻画到位，整幅画才能协调

图 8.1

图 8.2　　　　　　　　　图 8.3　　　　　　　　　图 8.4

04 绘制人物上身的服装，注意对服装细节的刻画，如图 8.5 所示。
05 画出人物的胳膊，并且画出包，注意细节的表现，如图 8.6 所示。

图 8.5　　　　　　　　　　　图 8.6

06 为人物画出漂亮的裙子，同时画出撩起裙子的细节，如图 8.7 所示。
07 画出人物的双腿，同时画出外露的袜子，注意对袜子边缘的刻画，如图 8.8 所示。

图 8.7

图 8.8

08 刻画人物的眼睛。在刻画人物的眼睛时要注意对双眼皮的刻画,对眼睛反光和高光的刻画,以及对左眼睫毛的刻画,这样才能画出人物水灵灵的眼睛,如图 8.9 所示。

09 刻画人物面部和鞋子的细节,同时画出头发的细节。在画鞋子时透视要正确,并且注意线条的主次关系,不要忘记刻画鞋带,如图 8.10 所示。

图 8.9

图 8.10

10 画出同伴的脸型以及同伴的刘海和头发，如图 8.11 所示。

11 继续刻画头发，注意头发发质和走向的表现，如图 8.12 所示。

图 8.11　　　　　　　　　　　　　　　　　　　　图 8.12

12 画出同伴的脖子以及肩部和衣领，如图 8.13 所示。

13 画出同伴的胳膊，同时注意胳膊上服装的线条表现，如图 8.14 所示。

图 8.13　　　　　　　　　　　　　　　　　　　　图 8.14

14 画出同伴上身的服装，注意服装的细节，如图 8.15 所示。

15 画出同伴另一只伸出的胳膊，注意线条的表现，如图 8.16 所示。

图 8.15　　　　　　　　　　　　　　　　图 8.16

16 为同伴画出漂亮的百褶裙，使其显得更加可爱，如图 8.17 所示。

17 画出同伴的双腿，如图 8.18 所示。

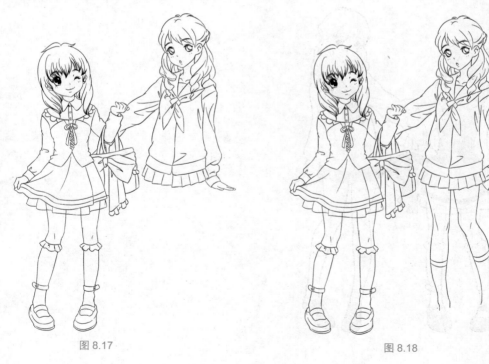

图 8.17　　　　　　　　　　　　　　　　图 8.18

18 画出同伴的鞋子，注意鞋子的比例，如图 8.19 所示。

19 仔细刻画同伴的细节部分，并且刻画出同伴的眼睛，如图 8.20 所示。

图 8.19

图 8.20

20 用单色填充画面中的服装，以突出整体效果，注意对服装细节的处理，如图 8.21 所示。

图 8.21

8.2　小小乐队

本例绘制小小乐队线稿,如图 8.22 所示。动漫多人组合线稿的绘制需要注意以下几点。

(1)确定角色的位置和姿态:在绘制多人组合线稿时需要先确定每个角色的位置和姿态,以便更好地安排角色之间的关系和空间。

(2)确定角色的比例关系:在绘制多人组合线稿时需要注意每个角色的比例关系,以保证整个组合的视觉效果和平衡性。

(3)细节的表现:在绘制多人组合线稿时需要注意每个角色的细节表现,包括服装、发型、表情等,以使每个角色都有自己的特点和个性。

(4)线条的流畅性和连贯性:在绘制多人组合线稿时需要注意线条的流畅性和连贯性,避免出现断线或不自然的转折。

(5)突出重点和特征:在绘制多人组合线稿时需要适当运用线条的粗细和变化,突出每个角色的重点和特征,以使整个组合更加生动和具有个性。

(6)确定阴影和光影的表现方法:在绘制多人组合线稿时需要熟练掌握阴影和光影的表现方法,以准确地表现出角色之间的立体感和质感。

可以通过张开的嘴巴来表现惊讶的表情,同时眼睛也需要刻画到位,这样才能让整个表情更加生动

人物头发的颜色非常淡,在刻画的时候只用线条塑造头发的层次感,人物沉思的表情也要表达到位

女孩子可爱的表情是要塑造的重点,特别是人物的眼睛和嘴巴

图 8.22

01 画出人物的刘海和脸型，每一个人物的脸型都不一样，在画刘海的时候要注意线的交叉关系和头发的生长方向，如图 8.23 所示。

图 8.23

02 在脸型和刘海画好以后开始画人物的五官，注意每一个人物的五官都不一样，要形象地画出人物的五官，如图 8.24 所示。

图 8.24

03 画出人物头发的轮廓，注意线条的运用以及线条的穿插关系，如图 8.25 所示。

图 8.25

04 在头部画好以后进行肩膀的刻画，注意每一个人物的肩膀的扭转方向都不一样，如图 8.26 所示。

图 8.26

05 刻画人物的上半身，注意对服装的刻画，特别是对衣领的刻画，如图 8.27 所示。

图 8.27

06 刻画人物的胳膊和手，以及她们手中的乐器，乐器的透视关系要正确，如图 8.28 所示。

图 8.28

07 刻画人物的下半身，注意裙子的褶皱比较多，在刻画时要特别注意线的穿插关系，如图 8.29 所示。

图 8.29

08 刻画人物的腿和脚，注意线条的流畅性，如图 8.30 所示。

图 8.30

09 在人物画完以后，刻画出乐器上的键，这些都是细节，在刻画时一定要注意，如图 8.31 所示。

图 8.31

10 刻画出乐器上的弦，注意细节一定要刻画到位，如图 8.32 所示。

图 8.32

11 加重头发的暗面，刻画出头发的体积感，如图 8.33 所示。

图 8.33

⑫ 仔细刻画人物的眼睛，注意眼睛的反光和高光，如图 8.34 所示。

图 8.34

⑬ 为了突出线稿的效果，用灰色系颜色给线稿上色，注意上色由深到浅，以表现出层次感，最后不要忘记刻画高光，如图 8.35 所示。

图 8.35

8.3 可爱的女生

看到这幅有趣的画面，大家是不是想起了自己的学生时代？这幅画面的颜色比较深，给人一种分量感。这种色调的画面比较容易控制，背景整体以红色为主，人物衣服的颜色也相对比较深，如图 8.36 所示。这幅画面非常成功地表现了校园生活的美好和孩子们的天真、可爱，让人不禁想起自己的学生时代。

Q版的人物形象让画面更加有趣，人物圆圆的大脑袋和小巧的身体都非常可爱

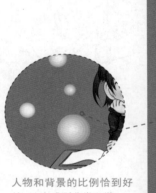

人物和背景的比例恰到好处，让人感到非常和谐

人物形象非常生动，整个画面的构图也非常巧妙

图 8.36

01 根据照片临摹线稿。在 iPad 中打开 Procreate 软件，进入图库，单击"+"图标，在画布预设中有很多预先设置好的尺寸可选，这里单击 ▬ "自定义画布"按钮，设置画布尺寸，设置完成后单击 创建 按钮确认，如图 8.37 所示。

图 8.37

02 在 Procreate 中打开素材文件"可爱的女王.jpg"，这幅画的线稿比较复杂，大家在刻画的时候一定要把握好动态和外形，在用线的时候线与线之间一定要衔接好（封闭的线稿有利于使用选择工具）。在画好线稿后用▊▊色（R=154 G=104 B=55）和▊色（R=62 G=31 B=13）给人物的头发上色，注意头发的明暗关系和高光。

03 刻画人物的眉毛和眼睛，对于眼睛，用▊色（R=52 G=108 B=83）铺底色，然后用▊色（R=8 G=14 B=12）塑造背光面，不要刻画眼球部分，眼睛的细节一定要刻画到位，如图 8.38 和图 8.39 所示。

图 8.38

图 8.39

04 用▊▊色（R=255 G=241 B=220）给人物的皮肤上色，选用白皙一点的皮肤色平涂，注意颜色一定要涂抹均匀，如图 8.40 所示。

05 用▊色（R=248 G=148 B=156）给人物涂红脸蛋，注意 Q 版人物一般都会有红脸蛋，这样人物的形象才会更可爱，注意红脸蛋和皮肤颜色的过渡要自然，如图 8.41 所示。

图 8.40

图 8.41

06 选用▊色（R=69 G=72 B=81）给人物的衣服上色，注意在平涂的时候颜色一定要涂抹均匀，用更深的颜色涂阴影。

07 在给人物的衣服上色时先平涂底色，然后刻画衣服的背光面，注意该留白的地方要留白，如图 8.42 和图 8.43 所示。

图 8.42

图 8.43

08 刻画小女孩衣服的颜色，上身里面的衣服选用色（R=200 G=110 B=150）上色，裤子选用■■色（R=108 G=54 B=67）刻画上面的条纹，如图 8.44 所示。

09 选用■■色（R=105 G=51 B=64）刻画衣服的领口，如图 8.45 所示。

图 8.44

图 8.45

图 8.46

10 在刻画条纹袜子的背光面时还是选用底色平涂，然后用■■色（R=90 G=43 B=53）刻画背光面，如图 8.46 所示。

11 选用■■色（R=266 G=177 B=75）刻画小男孩衣服上的条纹，上色的区域要控制好，不能刻画到外面，否则就不精致了，如图 8.47 所示。

12 选用■■色（R=150 G=105 B=68）刻画小男孩裤子的颜色，在底色刻画好以后，再刻画背光面，如图 8.48 所示。

图 8.47

图 8.48

13 在刻画条纹的衣服时，同一颜色可以同时铺底色，然后再刻画背光面的颜色，这样容易塑造出体积感，如图 8.49 所示。

14 男孩子的头发选用■■色（R=82 G=90 B=100）平涂上色，背光面选用■■色（R=54 G=61 B=71）刻画，注意颜色一定要涂抹均匀，如图 8.50 所示。

图 8.49

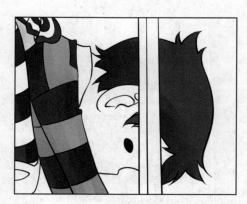
图 8.50

15 鞋子的颜色比较单一，选用■■色（R=92 G=83 B=100）平涂上色，如图 8.51 所示。

16 桌子和书本的颜色比较容易刻画，主要塑造出它们的体积感就可以，如图 8.52 所示。

17 人物的皮肤比较白，红脸蛋也比较明显，选用模糊工具处理红脸蛋和皮肤衔接的地方，如图 8.53 所示。

18 用■■色（R=231 G=84 B=92）刻画背景，背景的颜色一定要符合画面的整体色调，然后刻画出背景中的元素，如图 8.54 所示。

图 8.51

图 8.52

图 8.53

图 8.54

图 8.55

19 选用■色（R=43 G=11 B=16）刻画投影，注意投影的虚实关系要仔细刻画，最后给背景再添加一些元素，让背景看起来不那么单调，如图 8.55 所示。

8.4　精灵萌宠

在刻画漫画人物时，线稿的刻画特别重要，要注意线条的流畅，明确线条的穿插关系，如图 8.56 所示。

因为头发线条要表现出柔软和韧性，所以勾线要有虚实变化

刻画人物的眼睛很有趣，先把眼睛的外形刻画准确，注意上眼帘的线条要刻画得重一点

服装的腰部细节比较多，先刻画出腰上的宽腰带，再塑造细节部分，刻画出腰上的蝴蝶结

图 8.56

01 准确地刻画出人物的线稿图，然后选用▨色（R=245 G=200 B=194）给人物的头发上色，用平涂的方式上色，注意不要忘记给两边的麻花辫上色，如图 8.57 所示。

02 先选用▨色（R=243 G=204 B=83）给人物的耳朵上色，然后选用▨色（R=253 G=247 B=211）给人物的皮肤上色，不要忘记给人物的手上色，注意皮肤的颜色一定要刻画得细腻一些，颜色一定要涂抹均匀，如图 8.58 所示。

图 8.57

图 8.58

03 选用▨色（R=236 G=162 B=66）给人物的衣服上色，衣服的细节比较多，该留白的地方要留白，注意在给衣服上色的时候颜色一定要刻画到位，并且要涂抹均匀，如图 8.59 所示。

04 选用▨色（R=197 G=218 B=101）给腰带上面的部分上色，注意不要涂抹到线的外面。选用▨色（R=165 G=104 B=161）给人物腰部的细腰带上色，注意蝴蝶结的地方要仔细刻画，蝴蝶结上的小珠子也要区分出来，如图 8.60 所示。

图 8.59

图 8.60

05 选用 ██ 色（R=233 G=92 B=97）给人物的宽腰带和头花上色，注意颜色一定要涂抹均匀，如图 8.61 所示。

06 选用 ██ 色（R=242 G=200 B=78）给人物的尾巴上色，然后选用 ██ 色（R=122 G=177 B=75）给人物头上的叶子上色。人物头饰的颜色一定要刻画得鲜亮一些，颜色一定要刻画到位，花和叶的细节也要刻画出来，如图 8.62 所示。

图 8.61

图 8.62

07 给人物手中的小精灵上色，主要选用 ██ 色（R=243 G=192 B=175）和 ██ 色（R=56 G=21 B=25）上色，注意小精灵的眼睛和耳朵用黑色上色，小精灵的颜色一定要上得漂亮一些，细节一定要刻画到位，如图 8.63 所示。

08 选用 ██ 色（R=222 G=232 B=81）给人物后面的丝带上色，注意后面的颜色要刻画到位，丝带上面蝴蝶结的颜色也是苹果绿，大家在上色的时候一定要把两处蝴蝶结的颜色都刻画到位，如图 8.64 所示。

图 8.63

图 8.64

09 深入刻画人物的头发，注意要把背光面的颜色一次性刻画到位。选用█████色（R=213 G=93 B=138）刻画出头发的背光面，并处理好颜色的层次关系，如图 8.65 所示。

10 在将背光面的颜色刻画好以后不要忘记处理颜色的过渡面，要把背光面和受光面衔接的地方处理自然。头发上的细节不要忘记刻画，选用细一点的笔刻画出头发上的高光，如图 8.66 所示。

图 8.65

图 8.66

11 刻画人物皮肤的层次感，主要塑造人物皮肤的背光面，注意在深入刻画皮肤的颜色时一定要刻画出皮肤光滑、细腻的质感，这样画面才会显得更加精致，如图 8.67 所示。

12 选用█████色（R=222 G=94 B=43）给服装的背光面上色，注意背光面颜色的形状一定要符合光影关系，先不管颜色的过渡，把服装的所有背光面的颜色都刻画出来，如图 8.68 所示。

图 8.67

图 8.68

13 塑造服装背光面颜色的层次感，主要选用 ██色（R=174 G=61 B=29）刻画颜色最深的地方，在刻画背光面的颜色时不要忘记尾巴的阴影部分，也是选用暗红色给阴影上色，如图 8.69 所示。

14 选用 ██色（R=53 G=0 B=68）给腰带的背光面上色，然后处理尾巴阴影部分的虚实关系。背光面颜色的层次比较多，大家在刻画的时候可以选择一层一层地刻画，这样比较好把握，如图 8.70 所示。

图 8.69

图 8.70

15 选用黑色刻画出尾巴和耳朵上面的花纹，注意不要忘记刻画耳朵里的毛发。在给尾巴刻画细节的时候，注意花纹一定要符合尾巴上的虚实关系，这样花纹才能体现出立体感，如图 8.71 所示。

16 深入刻画人物手中小精灵的颜色，选用淡黄色刻画受光面，主要刻画出小精灵的立体感，背光面选用 ██色（R=221 G=128 B=100），注意受光面和灰面的过渡一定要自然，如图 8.72 所示。

图 8.71

图 8.72

17 刻画人物的眼睛，眼睛的深度一定要刻画到位，每个细节都要刻画出来。眼睛的灰面要处理得自然一些，还要准确地刻画出眼睛的高光和反光部分，如图 8.73 所示。

18 先选用███色（R=72 G=127 B=44）刻画出绿色丝带的背光面，然后刻画出后面的背景颜色。背景的刻画很重要，可以给画面增加特别的效果，由于这里背景的颜色比较多，大家一定要处理好颜色的过渡，如图 8.74 所示。

图 8.73

图 8.74

19 给服装增加细节，刻画出服装上面的花朵，花朵要刻画到位。先用细笔勾画出花朵的外形轮廓，注意不要忘记勾画叶子，然后给花朵和叶子上色，如图 8.75 所示。

20 在整个人物画完以后给画面添加背景，注意背景的颜色一定要符合画面整体的色调，背景颜色的过渡一定要处理好，然后添加上面的格子细节，如图 8.76 所示。

图 8.75

图 8.76

第9章

机车写实风格插画设计

机车写实风格插画是一种以机车为主题的插画风格，它强调细节和真实感，通常使用细致的线条和阴影来表现机车的形态和结构。这种风格的插画通常具有强烈的动感和力量感，能够很好地表现机车的速度和力量。

9.1 越野概念车

这款四门越野车的外观吸取了很多越野车的设计精华，圆滑的外观设计、简单利落的腰身线给人以视觉的快感，另外车尾的线条比较硬朗。整部车子给人以柔美之感，但是又不缺少阳刚之气，如图 9.1 所示。

图 9.1

9.1.1 绘制越野概念车线稿

01 用辅助线确定出车体的长、宽和高，然后在辅助线的辅助下勾画出越野车的外形，注意外形要勾画准确，以便为下一步的深入刻画打下基础，如图9.2所示。

02 主要塑造车头的细节部分，先刻画出亮面的车灯，然后刻画出车标志的位置，接着刻画进风口，不要忘记对车轮的刻画，如图9.3所示。

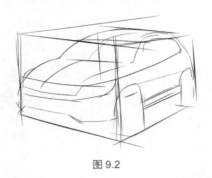

图9.2   图9.3

03 给前面的车灯添加灯泡，接着刻画前面的保险杠，然后深入刻画车轮的细节部分，再刻画出车门，注意侧面的转折关系要明确，如图9.4所示。

04 擦掉多余的辅助线，继续塑造越野车的细节，主要刻画出越野车的后视镜和里面座椅的大致轮廓，如图9.5所示。

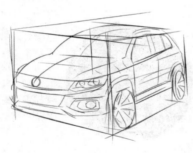

图9.4   图9.5

9.1.2 越野概念车线稿上色

01 在线稿完成以后开始给线稿上色，选用██色（R=92 G=89 B=79）和黑色的马克笔笔刷刻画出越野车的暗面和灰面，注意颜色的层次要明确，这样体积感就刻画出来，如图9.6所示。

02 选用██色（R=79 G=97 B=107）塑造画面，主要塑造车轮的细节，要抓住暗面和灰面塑造，如图9.7所示。

图9.6   图9.7

03 根据光的效果，用███色（R=247 G=216 B=169）提亮高光部分，在刻画高光的时候要注意笔触的正确使用，用不同的笔触表现出光打在车上的效果，如图 9.8 所示。

04 这款越野车的车头是塑造的重点，大家一定要把细节刻画到位，车头颜色的层次要拉开，这样更容易表现出越野车的体积感，使画面效果增强，如图 9.9 所示。

图 9.8

图 9.9

05 用███色（R=206 G=209 B=218）给车灯和进气格栅添加底色，注意色彩的明暗变化，高光和灰面的层次要塑造到位，这样车头的质感就出来了，如图 9.10 所示。

06 在光的效果下，由于越野车材质的原因，亮面的层次特别多，所以大家要仔细地塑造出车体颜色的层次感，如图 9.11 所示。

图 9.10

图 9.11

07 选用浅色涂出受光影响的部分，然后调整车的整体细节，不要忘记对车标志的刻画，虽然车标志比较小，但是它为效果图增添了重要的细节，如图 9.12 所示。

08 用███色（R=115 G=129 B=155）调整画面的细节部分，绘制背景和阴影，阴影是效果图中重要的部分，它能直接表现出车身漂亮的线条感，如图 9.13 所示。

图 9.12

图 9.13

9.2 电动概念车

这是一款设计理念比较前卫的小型轿车，车身比较小，且外观棱角比较圆滑，内饰比较高档，使整部车子更加具有吸引力，如图 9.14 所示。

车窗玻璃由于受光的照射，选用亮色进行冷暖处理，亮颜色不能太重，要注意车窗质感的表现

车前面的灯的处理比较简单，先塑造重颜色的部分，高光的地方选择留白，然后用灰颜色进行处理

从这幅效果图的视觉感来看，车头是塑造的重点，特别是车标志附近颜色的变化比较微妙，一定要仔细刻画

车身曲面的转折关系要明确，车身处的高光要刻画到位，通常高光出现在R角的转折处，呈竖直方向排列

车轮比较复杂，在刻画的时候一定要认真，主要抓住亮面、暗面和灰面去塑造

图 9.14

9.2.1 绘制电动概念车线稿

01 借用辅助线确定出车体的长、宽和高，然后用流畅的线条刻画出车的外形轮廓，主要刻画出车的车轮、前视窗、侧视窗和进风口等位置，如图 9.15 所示。

02 继续刻画车的外形轮廓，先从车的重点部位开始刻画，主要塑造位于车头的车灯、前保险杠等细节，如图 9.16 所示。

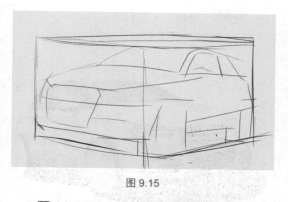

图 9.15

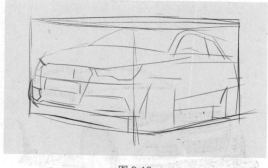

图 9.16

03 刻画出车内前后排座椅的大概外形轮廓，再刻画出车侧面的曲面转折线，慢慢地深入刻画细节，如图 9.17 所示。

04 去掉多余的辅助线，用准确的线条塑造出车的外形轮廓，特别是车头的细节一定要刻画到位，另外不要忘记对曲面转折线的刻画，如图 9.18 所示。

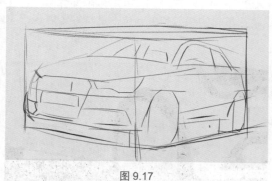

图 9.17

图 9.18

9.2.2　电动概念车线稿上色

01 在线稿完成以后开始给车上色，先选用黑色刻画出阴影和轮胎的颜色，接下来选用█色（R=184 G=188 B=199）给车轴内圈上色，采用平涂的方式上色，如图 9.19 所示。

02 用█色（R=83 G=101 B=111）从车体的重颜色部位开始上色，主要是车体的边缘处受光线的影响颜色变化比较明显，要刻画出其变化，如图 9.20 所示。

图 9.19

图 9.20

03 根据车的视觉感从重点部位开始塑造，比如车的前灯和车标志的周围，主要选用█色（R=83 G=101 B=111）刻画，注意颜色的深浅变化，如图 9.21 所示。

04 给车窗绘制底色，先选用▇▇色（R=186 G=182 B=197）和▇▇色（R=149 G=199 B=75）给车上色，注意不要完全涂满，要留出少量底色，这样更容易表现出车的光影效果，如图9.22所示。

图9.21

图9.22

05 浅颜色的车在上色时一定要把握住颜色的深度，在用▇▇色（R=139 G=188 B=220）刻画车牌的颜色时注意颜色的渐变要自然，然后选用深灰色刻画周围的颜色，如图9.23所示。

06 在深入刻画车轮时细节显得特别重要，一定要把车轮的细节刻画到位，这样才能表现出车轮的立体效果，如图9.24所示。

图9.23

图9.24

07 在把车轮塑造完以后塑造车头部分，刻画出车牌部位和车的标志，注意有些曲面转折线附近需要高光的修饰，在上高光的时候周围的过渡色一定要处理好，如图9.25所示。

08 调整细节部分，注意颜色的层次关系一定要明确，阴影边缘的虚实要处理好，至此车的效果图就完成了，如图9.26所示。

图9.25

图9.26

9.3　敞篷车

要想作品给人耳目一新的感受，大家必须对自己设计的车子非常了解。本例在用笔上特别讲究，采用交错、流畅的笔触准确而清晰地表达出车身曲面的完整结构，同时还要展示出材料的质感，如图 9.27 所示。

车窗玻璃比较小，为绘画省去了很多麻烦，但是车里的车座要仔细塑造

这款车子有4个前灯，左右各两个，灯的面积不太大，主要塑造它们的质感

对于这种棱角比较明显的车子，在塑造时主要抓住曲面转折线，这样比较容易塑造出车的块面感

在塑造车头的进气格栅的时候，可以选择塑造它的块面感

车轮的塑造也是画面的一大亮点，要注意车轮的虚实变化

图 9.27

9.3.1　绘制敞篷车线稿

01 塑造准确的车子外形，这是刻画线稿的重点，可以先用流畅的直线刻画出车子的辅助线，然后在辅助线的辅助下用非常圆滑的曲线刻画出车子的外形轮廓，如图 9.28 所示。

02 在刻画车的轮胎时，不仅要塑造好外形，还要刻画出车轴上的花型，注意前后两个车轮的主次关系要明确，把前面的车轮作为塑造的重点，如图 9.29 所示。

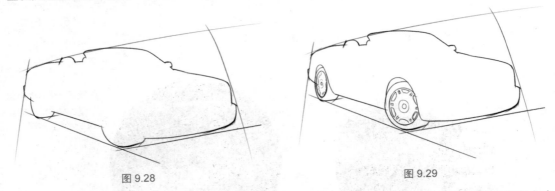

图 9.28   图 9.29

03 逐步添加车的内部细节，主要刻画车内前排和后排座椅的外形，然后刻画出前视窗和左右后视镜，注意细节一定要刻画到位，如图 9.30 所示。

04 在将车里面的细节刻画完成以后，接下来开始塑造外面的细节，刻画出车的车灯。注意一定要塑造好左右两边大小不同的圆形车灯，然后刻画出右侧车门的细节，如图 9.31 所示。

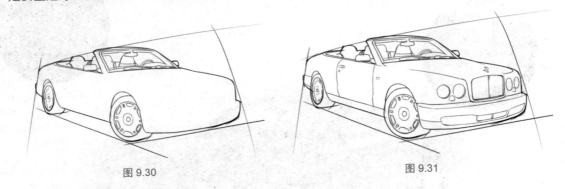

图 9.30   图 9.31

9.3.2　敞篷车线稿上色

01 在线稿完成以后，用██色（R=125 G=179 B=215）和██色（R=171 G=189 B=203）给线稿上色。在上底色的时候要注意车的体积感，开始只要刻画出暗面、亮面和过渡面即可，如图 9.32 所示。

02 用██色（R=86 G=104 B=114）从车轮和车头开始上色，先选用黑色的马克笔笔刷给进风口和下面的细节上色，然后给侧面的车轮上色，再选用██色（R=247 G=216 B=169）给前后座椅上色，注意控制好颜色的深度，如图 9.33 所示。

图 9.32   图 9.33

03 用█色（R=159 G=197 B=233）和█色（R=74 G=185 B=225）加重车身暗面的颜色，使车体的立体效果更明显。在增加颜色的层次时注意颜色之间的过渡要自然，高光的处理要正确，如图 9.34 所示。

04 用█色（R=122 G=144 B=158）塑造车头的颜色，把握好颜色的层次关系，这样不容易画花车体的颜色，如图 9.35 所示。

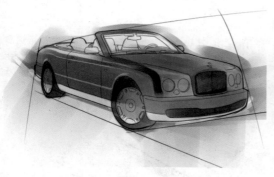

图 9.34

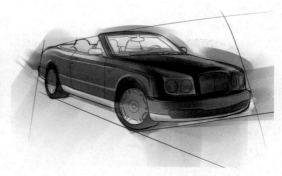

图 9.35

05 车前轮是塑造的重点，大家一定要仔细刻画。虽然后轮不是刻画的主要对象，但是也不能忽略它的存在，虚画出来就可以，用█色（R=171 G=189 B=201）+█色（R=159 G=178 B=193）+█色（R=180 G=184 B=195）上色，如图 9.36 所示。

图 9.36

06 整体塑造车身的颜色，选择合适的浅色在曲面转折线附近上色。注意在使用浅色上色的时候要顺着车体的造型上色，另外不要忘记刻画位于车头的 4 个车灯。用█色（R=94 G=162 B=149）和█色（R=72 G=149 B=55）给车里的座椅上色，注意虚实关系，在将座椅刻画完成以后，敞篷车的效果图也就完成了，如图 9.37 所示。

图 9.37

9.4 迷你轿跑车

这款跑车的造型比较独特，比普通的跑车多了一排座位，而且车身前高、后低，前面的进气孔设计为网格状，给人特别舒服的感觉，如图 9.38 所示。

以俯视角度观察，车窗玻璃的质感比较明显，注意控制好颜色的深浅变化，然后刻画出里面的内容

以俯视角度塑造这款跑车，必须刻画出跑车里面能看到的细节，注意车座作为主要的刻画对象

车身的曲面转折处要认真处理，选用合适的浅色塑造出完美的细节

中间部分采用蓝色处理，注意蓝色周围的过渡区要处理好，多余的部分用橡皮擦工具擦掉

以俯视角度观察，在塑造车轮的时候一定要把握好车轮的透视关系

图 9.38

9.4.1 绘制迷你轿跑车线稿

01 用流畅的长线条确定出跑车的外形轮廓，注意车的透视关系一定要准确，并且线条的弧度和虚实变化要刻画到位，如图 9.39 所示。

02 在塑造车的一些细节时，车内是主要塑造对象，可以先确定出左右两边座椅的距离，接着再塑造出仪表盘处的细节，注意在塑造细节时线条要有虚实变化，如图 9.40 所示。

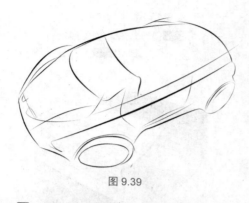

图 9.39

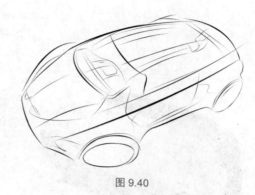

图 9.40

03 在塑造车里的两排车座时，先刻画车座的外形轮廓，然后添加车座的细节部分，注意前后座椅的透视关系一定要正确，如图 9.41 所示。

04 车内的细节比较多，可以借助辅助线确定一下车座的位置是否准确，接着刻画出车头和车门的细节，注意细节一般选用虚一点的线条勾画，如图 9.42 所示。

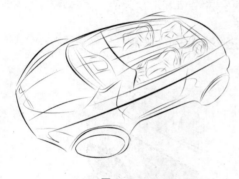

图 9.41

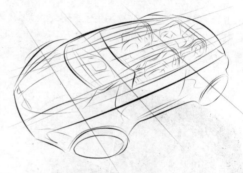

图 9.42

9.4.2　迷你轿跑车线稿上色

01 在线稿完成以后开始给车上色，先选用黑色的马克笔笔刷给车添加背景，注意颜色的深浅变化。然后选用■■色（R=234 G=111 B=111）给车的左侧上色，选用■■色（R=233 G=82 B=92）给车的侧面局部上色，如图 9.43 所示。

02 用■■色（R=233 G=82 B=90）刻画车身的颜色，塑造出颜色的层次感，注意颜色的过渡要自然，如图 9.44 所示。

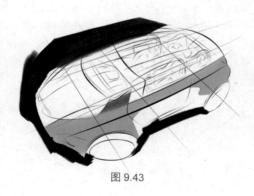

图 9.43

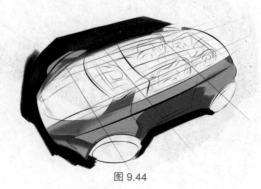

图 9.44

03 用■色（R=126 G=180 B=216）给车的引擎盖上色，如图 9.45 所示。

04 给车窗上色，主要选用■色（R=128 G=180 B=217）和■色（R=92 G=89 B=79）刻画车窗玻璃的颜色，注意要刻画出玻璃的质感。接下来给车里的车座上色，选用■色（R=229 G=121 B=68）上色，注意颜色的深浅变化要刻画到位，如图 9.46 所示。

图 9.45

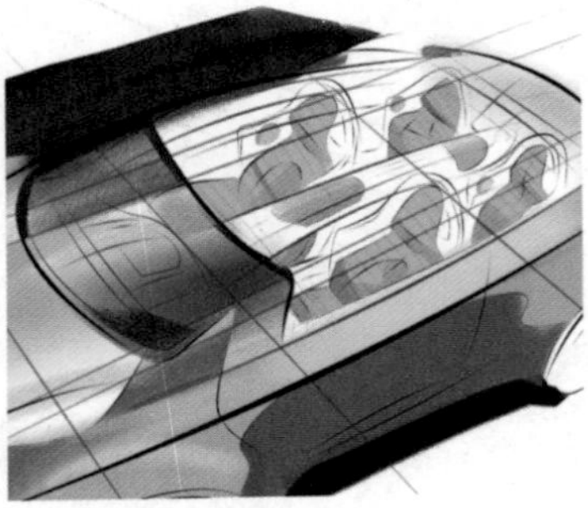

图 9.46

05 这款车的颜色层次比较复杂，大家在刻画时一定要认真。车头部分选用■色（R=128 G=180 B=205）塑造，注意颜色的变化，如图 9.47 所示。

06 俯视角度下的两个车轮关系不是特别明显，重点塑造前面的车轮，后面的车轮虚画即可，如图 9.48 所示。

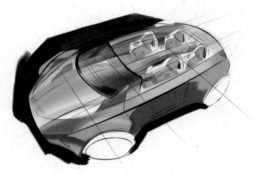

图 9.47

图 9.48

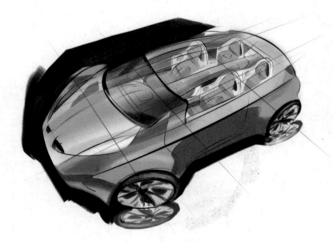

图 9.49

07 调整画面的细节部分，有的颜色需要加重，特别是上高光的地方，一定要把周围的过渡色处理到位。然后刻画背景，注意背景的颜色变化要刻画出来，在将背景刻画完成以后，这款跑车的效果图也就完成了，如图 9.49 所示。

9.5　GTI 超级跑车

这款跑车的外观非常漂亮，圆滑的车顶和车头给人以光速的感觉，棱角分明的腰身线给跑车增添了不少的阳刚之气，如图 9.50 所示。

这幅效果图的重点在于刻画车的尾部，在刻画车窗的时候高光部分特别明显，可以选择做留白处理，但是周围的颜色变化要刻画到位

在刻画车门的时候一定要认真，因为车门的颜色变化比较微妙

在塑造后面的车轮时，注意车轮的透视关系要准确，细节也要刻画到位

找个稍微有点俯视的角度观察，可以看到后面的细节比较多，大家要抓住明暗关系仔细刻画

图 9.50

9.5.1　绘制 GTI 超级跑车线稿

01 先用准确的辅助线确定出车的大概位置和高度，注意线条的斜度要和车的透视关系相符合，这样才能在辅助线的基础上准确地刻画出车的外形轮廓，如图 9.51 所示。

02 在辅助线的辅助下开始塑造车的外形轮廓，选用圆滑的线条塑造，注意车体的角度要准确，如图 9.52 所示。

图 9.51　　　　　　　　　　　　图 9.52

03 继续刻画车的外形轮廓，注意车的尾部是塑造的重点，刻画出后面的所有细节，然后刻画车的前轮和后视镜，如图 9.53 所示。

04 把从这个角度能观察到的所有细节都刻画出来，注意它们之间的虚实变化要刻画到位，以便后面上色时能更容易把握重点，如图 9.54 所示。

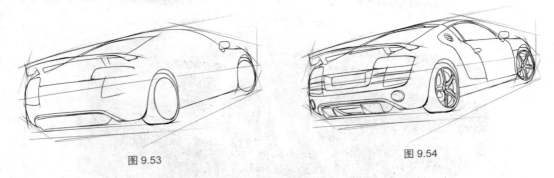

图 9.53　　　　　　　　　　　　图 9.54

9.5.2　GTI 超级跑车线稿上色

01 在线稿完成以后，用■■色（R=158 G=177 B=151）和■■色（R=184 G=188 B=199）给线稿铺底色，在铺底色的时候也要刻画出颜色的变化，这样才能把握住车的立体效果去塑造，如图 9.55 所示。

02 在开始上色的时候一定要注意颜色的深浅变化，在用笔上也要讲究方法，用■■色（R= 171 G=189 B=199）和■■色（R=205 G=208 B=217）顺着曲面的转折变化用笔，如图 9.56 所示。

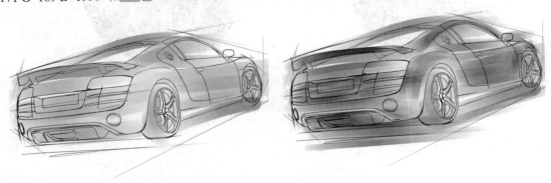

图 9.55　　　　　　　　　　　　图 9.56

03 在上色过程中一般选择整体的塑造方法，这样比较容易把握颜色的层次关系。从暗面到亮面的颜色过渡要自然，用████色（R=234 G=111 B=111）给车灯上色，如图 9.57 所示。

04 选用████色（R=92 G=89 B=79）加重轮胎暗面的颜色，注意不能平涂，颜色的变化要刻画出来。在右边两个车轮中，要把后面的车轮作为重点刻画对象，如图 9.58 所示。

图 9.57

图 9.58

05 继续加重车的颜色，接下来主要刻画车的尾部，注意暗面的颜色一般选用████色（R=87 G=104 B=114），在塑造过程中一定要把握好颜色的层次关系，如图 9.59 所示。

06 在塑造车门处的颜色时主要把握住曲面转折线，注意高光和反光的颜色的过渡一定要自然，细节也要刻画到位，特别是对后视镜的深入刻画，如图 9.60 所示。

图 9.59

图 9.60

07 继续塑造车的尾部，选用████色（R=80 G=98 B=108）从暗面开始塑造，注意颜色要有变化，接下来刻画出车的标志，如图 9.61 所示。

08 调整细节部分，使画面更加完整，后面的细节要仔细调整，至此这款跑车的效果图就完成了，如图 9.62 所示。

图 9.61

图 9.62

9.6 越野马路两用四驱车

这款车的线条分明，多以直线勾勒，给人阳刚之感，直挺的前挡和从前叶子板一直延伸到车尾的立体腰线让人印象深刻；搭配大尺寸车轮，排气管采用方正的矩形设计，造型很酷，如图 9.63 所示。

这款越野车的颜色比较深，颜色变化比较微妙，大家在刻画时要特别细心

车的颜色特别暗，导致后面车窗玻璃的颜色也比较暗，但是透明的质感还是要表现出来

后轮是塑造的重点，大家在刻画的时候一定要把每一处的细节都刻画到位

车门部分的刻画主要塑造出曲面转折感即可，注意高光和反光要刻画到位

图 9.63

9.6.1 绘制越野马路两用四驱车线稿

01 刻画车的外形轮廓，选用流畅的长线刻画出辅助线，用辅助线的交点确定车的外形范围，注意车的透视关系要准确，如图 9.64 所示。

02 用准确的短线条刻画出越野车的外形轮廓，注意线条开始不要画得太实，以防后面不好修改，并且线条的弧度要刻画到位，如图 9.65 所示。

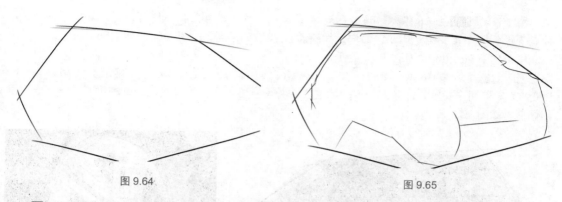

图 9.64

图 9.65

03 塑造车的外形轮廓，把车窗、车轮和后视镜的大概形状刻画出来，注意形体要刻画准确，线条要有虚实变化，如图 9.66 所示。

04 刻画越野车的车轮，主要刻画车轴上的花型，然后刻画车体的细节部分，注意线条的虚实变化，如图 9.67 所示。

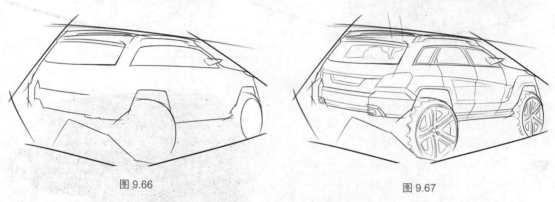

图 9.66

图 9.67

9.6.2　越野马路两用四驱车线稿上色

01 用███色（R=92 G=89 B=79）给线稿上色，注意车体颜色的变化，开始上色比较随意，只要把握住大的明暗关系即可，如图 9.68 所示。

02 选用███色（R=83 G=101 B=111）和███色（R=92 G=89 B=79）塑造车的外形，车灯的地方可以先使用留白的方法处理，然后再进行上色，注意车身曲面转折的地方要刻画到位，如图 9.69 所示。

图 9.68

图 9.69

03 先选用 ■色（R=92 G=89 B=79）塑造车内后排座的颜色，虽然塑造的只是座椅的剪影，但是外形轮廓一定要刻画出来。然后选用 ■色（R=233 G=82 B=90）刻画车灯的颜色，注意颜色的深浅变化要刻画到位，如图 9.70 所示。

04 用 ■色（R=167 G=185 B=197）、■色（R=162 G=181 B=195）和 ■色（R=183 G=187 B=198）塑造两个轮胎，注意区分出轮胎的主次关系，这里后面的轮胎是刻画的重点，一定要刻画出细节，如图 9.71 所示。

图 9.70   图 9.71

05 用 ■色（R=177 G=181 B=192）和 ■色（R=239 G=24 B=21）刻画车尾部细节，主要刻画阴影部分的颜色层次关系，然后刻画车灯的细节，后面烟筒的高光也要塑造出来，再选用 ■色（R=123 G=118 B=124）刻画里面车轮的阴影，如图 9.72 所示。

06 调整车的细节部分，主要选用 ■色（R=224 G=216 B=169）刻画出边缘处的高光，使整个效果图看起来更加完美，如图 9.73 所示。

图 9.72

图 9.73